건축, 인간과 함께 숨 쉬다

건축, 인간과 함께 숨 쉬다

발행일	2025년 9월 12일
지은이	김강섭
펴낸이	손형국
펴낸곳	(주)북랩

출판등록	2004. 12. 1(제2012-000051호)
주소	서울특별시 금천구 가산디지털 1로 168, 우림라이온스밸리 B동 B111호, B113~115호
홈페이지	www.book.co.kr
전화번호	(02)2026-5777 팩스 (02)3159-9637
ISBN	979-11-7224-793-5 03540 (종이책) 979-11-7224-794-2 05540 (전자책)

잘못된 책은 구입한 곳에서 교환해드립니다.
이 책은 저작권법에 따라 보호받는 저작물이므로 무단 전재와 복제를 금합니다.
이 책은 (주)북랩이 보유한 리코 장비로 인쇄되었습니다.

작가 연락처 문의 ▶ ask.book.co.kr
전용 게시판에 문의를 남기시면 저자에게 직접 전달됩니다.

(주)북랩 성공출판의 파트너
북랩 홈페이지와 SNS에서 다양한 출판 솔루션을 만나 보세요!

홈페이지 book.co.kr • 블로그 blog.naver.com/essaybook • 출판문의 text@book.co.kr
카톡채널 북랩

건축,
인간과 함께 숨 쉬다

김강섭 지음

내 존재와 정신의 근원인 할머니와 아버지께,
그리고 나의 모든 시작의 순간에 함께했던 동생 진섭에게,
이 책을 바칩니다.

목차

시작하는 글   010

생명과 건축의 본질

생명의 정의   018
   생명의 신비   018
   생명으로서의 건축   021
   건축의 성장과 변화   024
   건축적 공해와 소멸   028
건축의 본질   033
   집의 의미와 속성   033
   문화와 욕망의 표상   037
   시대적 정신과 유산   042
   공공성 확보   045
인간과 환경   050
   인간 존중과 건축 정신   050
   공간 의식과 인지 작용   053
   자연의 유기적 가치   055
   땅의 예술로서의 건축   060

건축의 사회적 위상과 역할

좋은 건축과 건축의 본질 — 066
- 좋은 건축의 참뜻 — 066
- 인간의 희망과 욕망 — 070
- 거주와 사회성 — 074
- 국가의 상징과 위상 — 077

건축가의 분투와 의지 — 084
- 건축가의 노력과 도전 — 084
- 건축에 대한 의지와 태도 — 088
- 이성과 도덕성 회복 — 094
- 책임 의식과 사명 — 096

건축의 성립 조건 — 100
- 구축과 지적 활동 — 100
- 건축의 가치와 성립 조건 — 104
- 신뢰와 인간 의지 — 107
- 에펠탑의 성공과 지혜 — 111

건축의 실상과 위험사회

건축의 실상 — 118
- 집 짓기의 현실과 수준 — 118
- 희망 탐욕의 증거 — 122
- 부실 시공과 하자 — 125
- 디테일과 품질 — 130

건축의 실패와 반성 — 134
- 광주 화정아파트 붕괴 사고 — 134

광주 학동 철거 건물 붕괴 사고	138
상도 유치원 붕괴 사고	141
이천 쿠팡 물류센터 화재	143
인천 검단 주차장 붕괴 사고	147
LH 발주 아파트 철근 누락	150
건축업 실태와 건축의 시대	**154**
다단계 하도급의 문제	154
무면허 업무 대행	158
자본 추구와 나쁜 이익	162
건설에서 건축으로	166
안전 불감증과 위험사회	**171**
야만의 시대	171
위험사회와 안전	174
안전에 대한 욕구	177
체계적 위험의 사회	180
건축물 붕괴와 적정 비용	183

인간을 위한 건축

코로나19 이후의 건축과 도시	**190**
주택의 변화	190
건축의 변화	194
도시의 변화	196
AI 시대의 건축	199
좋은 건축을 위한 각성	**202**
세월호 참사와 경제 논리	202
책임 의식과 좋은 이익	205

건축하는 이유와 책임	208
건축의 목적과 신뢰	211
건축의 투명성과 정확성	213

새로운 건축   215
또다시 생명	215
또다시 자연	218
또다시 환경	222
또다시 공공성	225
또다시 좋은 건축	228

인간을 위한 건축   231
건축의 힘	231
신뢰와 사회정의	234
희망과 공동선	239
인간을 위한 건축	244

마무리하는 글   250

참고 문헌   254

시작하는 글

5월의 세상은 온통 초록이다. 산과 들이 신록의 바다와 같다. 싱그러움이 우리의 눈을 씻겨 준다. 초록의 바다에 빠진 듯하다. 자연의 위대함이 느껴진다. 겨울은 건축의 계절이 아니지만, 생명은 시간을 건너야 한다. 추운 겨울이 지나고 따뜻한 봄이 오면 건축이 시작되고 5월이면 건축도 한창이다. 건축은 삶이자 문화다. 중요한 대상이며 생명이다. 우리 곁에 자연과 더불어 환경의 일부로 자리매김한다. 공기와 같이 장소, 공간, 형태로 존재하는 건축은 삶과 긴밀하다.

이렇게 소중한 건축이란 존재가 우리 삶에 해를 끼친다. 생명을 빼앗기도 한다. 우리가 살고 있는 이 시점에도 건물이 무너지고, 부실시공, 부주의 사고가 발생한다. 졸저『건축직설』이란 책을 낸 지 8년이 되었다. 그 책에서 좋은 건축에 관해 얘기했고 좋은 건축을 해야 한다고 강조했었다. 2022년 7월 중대재해기업처벌법이 시행되었다. 하지만 현재에도 우리 건축 문화는 크게 개선되지 않았다. 크고 작은 건축 사건 사고가 언론의 머리기사를 장식한다.

대표적인 사건으로 광주 화정아파트 붕괴 사고(2021년 1월), 광주 학동 철거 건물 붕괴 사고(2021년 6월), 인천 검단 주차장 붕괴 사고

(2023년 4월) 등을 들 수 있다. 이 사고는 우리 사회에 엄청난 파문을 일으켰다. 후진국에서도 발생하지 않은 초유의 참사가 발생했다. 지진이나 폭우, 해일과 같은 천재지변이 아니라 사람이 행한 건축으로 인해 소중한 생명이 희생되었다. 참사의 내면에는 인간 욕망과 자본주의 욕심이 내재하고 있다. 무엇보다 경제적 이익 추구가 주된 논리이며, 건설 현장의 구조적인 문제도 하나의 요인이다.

이런 건축은 해악이다. 건축이 그것을 만드는 사람이나 그 공간에 사는 사람에게 이롭지 않다면 분명히 난제라 할 수 있다. 이러한 것은 건축이 아니다. 좋은 건축이라 할 수 없다. 인간을 위한 건축은 더욱 아니다.

인간(人間)의 생명은 고귀하다. 건축은 소중한 생명을 다루는 일이다. 건축하는 사람의 생명을 귀중한 가치로 여겨야 한다. 건축은 사용할 사람을 최우선으로 삼아야 하며, 건축을 만들 때는 그 과정에 참여한 사람도 중시해야 한다. 즉 사람의 생명을 존중하는 정신이 건축 내에 깃들어야 한다. 왜냐하면, 건축은 인간을 위한 것이기 때문이다.

건축할 때는 사람을 중심에 두어야 한다. 건축으로 인해 사람이 다치거나 희생된다면 무슨 의미가 있는가. 사람보다 소중한 존재는 없다. 사람은 곧 하늘이며, 생명은 그 어떤 것보다 귀중하지 않은가. 건축 그 자체보다도, 건축 행위보다도 생명이 우선이다. 세월호 참사나 이태원 참사, 부실시공과 같은 사회적 재해로 인해 너무나 많은 소중한 생명이 희생되었다.

건축은 인간에게 영향을 미친다. 공간과 재료, 형태, 분위기는 인체, 심리, 정신에 영향을 준다. 또한 인간의 감정을 자극하고, 인간의 삶에 지속해서 관여한다. 이러한 건축은 인간을 위한 것이다. 인간을 위한 건축이어야만 한다. 무엇보다 건축의 중심에 인간 존중을 두어야 한다.

인간을 위한 건축이 아니라면 건축적 가치를 논할 수 없다. 좋은 건축은 더욱 아니다. 생명이나 정신이 담기지 않은 건축은 그저 콘크리트로 만든 무표정한 덩어리에 지나지 않는다. 이런 건축은 결국 만드는 사람, 그 공간의 주인, 그리고 이용자 모두에게 불편하고 못마땅한 존재로 전락하고 만다. 막대한 비용과 정신적·육체적 노력으로 지어진 건축이 그런 대상이 되어서는 안 된다. 그것은 모두에게 소중한 보물이어야 한다.

건축으로 인해 사람이 다치거나 건축으로 인해 건축주나 이용자, 시공자가 만족하지 못한다면, 무슨 의미가 있는가. 그러한 건축은 아무런 가치도 없다. 『다시는 집을 짓지 않겠다』라는 책을 읽었다. 제목이 더 충격적이다. 집 짓는 과정이 얼마나 힘들었으면 이런 책을 쓰게 됐을까? 우리 사회에서 벌어지는 건축의 행태와 현장의 실태를 볼 때, 이 책을 쓴 저자의 마음에 공감하지 않을 수 없다. 인간에 대한 존중이 담겨 있지 않은 집짓기와 건축은 이제 사라져야 한다. 사람에게 행복을 주지 못하는 건축은 아무런 가치도 없다.

일본의 세계적인 건축가 안도 다다오(安藤忠雄)는 '건축의 본질은 인공과 자연, 개인과 사회, 현재와 과거 등 인간 사회와 관련된 다양한 측면 간의 연결을 만들어내는 일'이라고 말한다. 부실 건축은 인간 관계를 단절시키고 사회적 문젯거리로 전락한다면 건축의 본질을 벗어난 것이다. 건축은 인간의 삶을 이롭게 하는 것이 궁극적인 목적이다. 우리 사회에 만연한 부실시공과 그로 인해 발생하는 피해는 모두 건축의 사명을 저버린 행태이다.

우리의 건축 현실과 문제점을 다룬 책은 매우 드물다. 함인선의 『정의와 비용 그리고 도시와 건축』을 제외하고 부실 건축이나 건축으로 인해 발생하는 사회적·시공적 문제를 언급한 책은 거의 찾아보기 어렵다. 언론에서 칼럼으로 언급되는 것이 전부다. 결국, 부실 공사와 건축의 문제는 건축이 하나의 문화로 자리 잡는 데 큰 걸림돌이 되고 있다. 이런 주제로 책을 써야 하는 현실이 못마땅하지만, 이것이 인간을 위한 건축을 실현하는 작은 출발점이 되길 바란다. 나 한 사람의 목소리와 노력이 나비효과가 되어, 세상을 바꾸는데 보탬이 되기를 소망한다. 이 책을 접하는 일이, 바쁘게 걷던 걸음을 잠시 멈추고 장미꽃 향기를 맡는 순간 같은 경험이 되었으면 좋겠다. 그 장미꽃 향기는 바로 인간적인 건축을 의미한다.

이 책은 생명과 건축의 본질, 건축의 사회적 위상과 역할, 건축의 실상과 인간을 위한 건축에 대한 것이다. 책의 초점을 '건설'이 아닌 '건축'에 맞추었고, 건축 설계나 디자인보다는 '건축 시공'에 맞췄다. 즉 분야를 좁혀서 건축과 건축 시공 분야, 건축의 문제에 중점을 두었다.

나는 인간을 위한 건축을 주장한다. 인간의 생명을 건축 행위의 최우선에 두어야 하며 건축 정신으로 삼아야 한다. 인간의 생명을 다루는 건축가는 생명의 존엄과 가치를 존중해야 한다. 인간을 위한 건축만이 건축하는 이유이며, 이 땅에 건축이 존재하는 당위성이다. 결국, 건축은 인간을 위한 것이다.

봄은 생명의 계절이다. 생명이 움트는 순간, 건축도 함께 시작된다. 만물이 살아서 움트는 이 봄에 각자 자기 내면의 소리에 귀 기울여 보았으면 한다. 그 귀 기울임으로 새로운 삶을 열었으면 좋겠다. 인간적인 건축이란 새로운 길을 걸어가길 바란다. 눈부신 봄을 즐길 시간이다.

2025. 8.

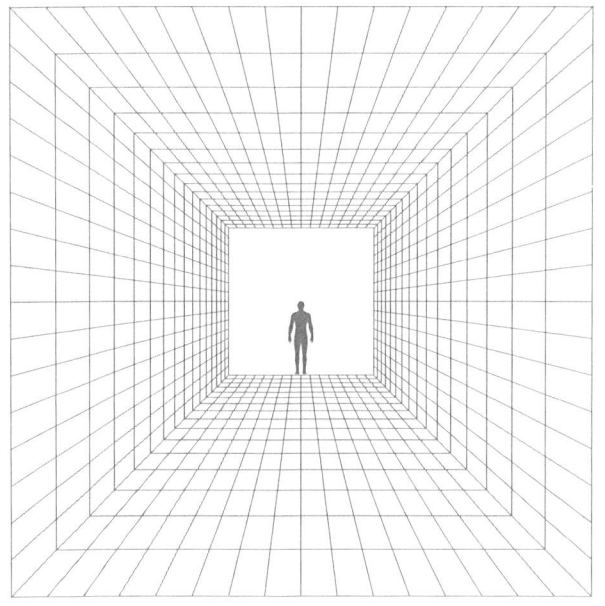

생명과 건축의 본질

건축의 시작
봄

  겨울이 지나면 봄이 온다. 자연의 질서, 순환의 흐름은 이렇듯 어김없다. 봄은 건축의 계절이다. 봄이 오면 생명이 깨어나고, 사람들의 움직임도 활발해진다. 새로움의 시간이라 세상이 온통 바쁘다. 봄은 건축하기에 가장 알맞은 절기다. 생명의 시작이자, 새로운 출발의 기점이기 때문이다. 봄은 건축이 시작되는 계절이다. 겨울 동안 쉬었던 건축이 기지개를 켠다.

생명의 정의

생명의 신비

 봄은 생명의 시간이다. 봄이 오면 생명이 자라난다. 겨울을 참고 기다린 땅속 생명이 지상으로 솟아오르고, 여기저기서 꽃이 피고 잎이 열린다. 노란색 산수유가 맨 처음 세상에 꽃을 피우는 것 같다. 봄은 꽃의 향기로 가득하다.

 '생명'이란 무엇인가? 생명과 생명이 아닌 것의 차이는 무엇인가? 일본의 생명 기원 및 진화학회 전 회장 고바야시 겐세이(요코하마국립대학)는 "생명의 정의는 연구자마다 다르다. 나 자신은 물질과 생명의 차이를 이렇게 생각한다. 즉 시간이 지나면 파괴되는 것이 물질, 시간이 지나면 파괴되지만, 그에 앞서 늘어나기 때문에 겉보기에 파괴되지 않는 것처럼 보이는 것이 생명이다."라고 한다. 사람은 생명체이며 건축도 생명과 같은 실체라고 생각한다.
 대지에 뿌리를 내린 나무는 그 모진 추위 속에서도 얼어죽지 않고 살아 있다. 흙을 의지해 서서 햇볕을 받아들이고 바람을 받아들이며 물기를 받아들인다. 법정 스님의 말처럼 생명은 신비롭다.

생명의 신비(함)

누가 피어나라고 재촉한 것도 아니지만 때가 되어 스스로 살아 있는 몫을 하고 있는 것이다. 이것이 다 생명의 신비다. (법정, 『오두막 편지』, 이레, 1999, p.16)

지구상에는 수백만 종의 동식물이 살고 있다. 우리 '인간'은 그 가운데 하나에 지나지 않는다. 하지만 인간은 스스로 '만물의 영장'이라 부르며 지구의 주인인 듯 행동한다. 만물의 영장인 인간도 수많은 동물 중 하나일 뿐이다. 생명이 살기 위해서는 에너지가 필요하다. 동식물과 같은 유기체는 물과 햇볕이 있어야 한다.

새로운 시대가 도래하고 있다. 소프트뱅크그룹 회장 손정의는 2023년 6월 미래에 대한 투자를 선언했다. 자금 5조 엔(약 45조 원)을 투자하여 "AI 혁명 시대, 인류의 미래를 설계하는 건축가가 되겠다."라고 했다. 손 회장은 '지구상에서 가장 지성적인 동물'이라는 인류의 정의가 AI로 인해 완전히 바뀔 것'이라고 말했다. 또 10년 이내에 AI가 인류 지성을 넘어서는 특이점이 오고, 인간의 1만 배 능력을 갖춘 AI가 등장할 것으로 예측했다. 흥미로운 이야기이며 '인류의 미래를 설계하는 건축가'가 되겠다는 점도 이례적이다. 인간을 대체하는 AI 시대가 도래하면 사회 변혁과 혁신은 엄청날 것이고 건축도 변화될 것이다. 그래도 건축의 존재 가치는 명확하며 변하지 않는다.

벤저민 프랭클린(Benjamin Franklin)은 인간은 '도구를 만드는 동물'이라 정의했다. 인간이 살아가는 데 꼭 필요한 세 가지 기본 요소는 의식주다. 그중 주(住)가 바로 집, 주택(住宅)이다. 인간의 생명을 지키기 위한 보호 수단이 필요하다. 생명체로서 인간이 삶을 지속하는 데 필요한 것은 집, 주거이다.

집은 자연으로부터 몸을 보호하는 것이며 자연은 극복해야 할 대상이다. 생명은 원시적인 형태이며 단순하다. 미묘한 균형을 가진 자기 보존적인 화학반응이고 무 생명의 세계와는 거리가 있다. 생명은 보호되지 않으면 안 된다.

'살다'는 생명의 연장이다. 생명은 살아야 하고 집은 짓는 행위(行爲)로 만들어진다. '집을 짓다(세우다, 건축하다, build)'라고 하는 것은 몸놀림, 행위이다. 살아가며 짓는 것이 건축이다. 우리말 동사 '짓다'는 영어의 'build'나 한자의 '건(建)'에 비해 삶의 전반에 밀착되어 있다. 즉 대단히 넓은 의미를 지닌 용어다.

생명은 지속되어야 하고 인간은 살아가야 한다. 건축은 짓는 행위이고 인간은 살아가기 위해 집을 짓는다. 삶을 위해 인간을 위한 짓기, 건축이 필요불가결하다. 짓기는 단순한 행위가 아니라 짓는 의식과 실천적 노력의 복합물이다. 인간의 생각과 의도가 행태, 물질로 구현되는 일이다.

집은 삶의 터전이자 휴식 공간이며, 동시에 창조적 공간이다. 우리 생명은 소중하며, 삶은 생명체가 지속되는 과정이다. 삶, 산다는 것은 시간의 지속을 의미하는 연속적인 리듬이며, 인간의 삶은 계속되어야 한다. 인간이 만든 건축물은 생명을 다루는 작업이다. 생명은 살아가는 것이며 타오르는 불꽃이다. 생명에 대한 책임감, 생명을 존중하는 마음이 건축의 뿌리가 되어야 한다.

생명으로서의 건축

생명은 소중하다. 스스로를 유지하기 위해 재료와 에너지를 동원하여 자신의 몸을 구성하는 부품들을 만들어낸다. 건축도 유사하다. 재료와 에너지를 이용해서 뼈대를 세우고 구조를 형성하며, 물질과 구조를 이용해서 형태를 완성한다. 생명은 탄생에서 소멸의 과정을 거친다. 건축도 필요 때문에 생겨나서 시간이 지나면 사라진다. 물론 건축은 인간의 의지, 요구에 의해서만 만들어진다.

생명은 자신과 같은 모습의 개체를 만듦으로써 '종'을 유지한다. 하지만 이 점에서 건축은 생명과 다르다. 수없이 많은 건축물이 만들어지지만, 완전히 똑같은 건축은 존재하지 않는다. 비슷한 양식이나 형상은 있을 수 있지만 모두 제각각 다른 모습이다. 건축은 자기 복제가 불가능하다.

건축은 생명과 밀접하게 연결되어 있다. 사람의 생명을 보호하고 유지할 수 있도록 돕는다. 건축은 문자 그대로 인간의 기획에서 시작된다. 즉, 사람의 요구로 시작되고 그 요구를 구체적인 실체로 구현하는 행위다. 물질을 모아 기술을 구사하여 구조물을 만드는 일이며, 결국 실질적인 공간과 형태로 태어난다. 그런데 많은 사람들은 건축이 생명을 다룬다는 소박한 이치를 모른다. 사람을 존중하지 않고, 생명을 소홀히 취급하는 태도는 우리 사회 곳곳에서 드러난다. 건축을 매개로 벌어지는 여러 상황을 들여다보면, 그 실태를 확인할 수 있다.

인간의 첫 번째 욕구는 생존본능이다. 건축은 생존을 위한 공간을 만드는 일이며, 비와 바람, 맹수로부터 생명을 보호해 주는 장치이다. 인간의 생명이 지속되기 위해서는 주거가 필요하다. 집, 건축은 생존을 위한 필수 불가결한 요소이다. 마르틴 하이데거(Martin Heidegger)는 "우리는 건축으로 거주함으로써 존재한다."고 말했다. 집이 없다면 인간은 생존할 수 없다.

거주는 일정한 곳에 머물러 사는 것이며, 집은 살아가는 삶의 전반적인 모습을 보여준다. 우리의 존재 자체라는 의미이다. 거주하지 않는 사람은 살아갈 수 없다. 거주를 가능하게 만드는 것이 집이다. 거주함으로써 존재하고, 그로 인해 지속적인 삶이 유지된다. 삶의 도구가 집이자 건축이다.

건축은 인간의 필요로 시작된다. 그것은 사람의 생명을 유지하기 위한 것으로, 건축의 근본적인 목적에 해당한다. 생명이 연속되기 위해서는 살아가기 위한 집이 필요하며, 이는 곧 건축이 객관적으로 실재하는 이유이다. 삶을 영위하고 생명이 계속되기 위해서는 건축이 필수적이다. 건축은 삶의 수단이다.

일본의 건축가 쿠마 겐고(隈研吾)는 "건축은 하나의 생물이다."라고 말한다. 건축물을 생명체로 간주하는 것이다. 그의 디자인 언어, 싱글 스킨(Single skin)은 루버(Louver)이다. 루버(차양)인 스킨을 건축적 언어로 사용하는 것은 건축을 하나의 생물로 만들고 싶어 하기 때문이다. 루버는 건축적 변화, 생동감을 주는 요소로 작용한다. 스킨은 건축에 생명력을 부여하는 중요한 인자이다.

생동감을 주는 싱글 스킨

이렇게까지 집요하게 하나의 스킨으로 덮은 이유는 건축을 하나의 생물로 만들고 싶었기 때문이다. 싱글 스킨에는 생물이 가진 피부의 중요한 특징이 있다. (쿠마 겐고, 『쿠마 겐고, 건축을 말하다』 ㈜도서출판 나무생각, 2021, p.53)

건축은 생명을 위한 것이므로 자연과도 무관하지 않다. 건축은 인공 환경의 일부로서 자연 속에 함께 존재한다. 건축이 위치하는 장소, 땅은 자연환경의 일부이며, 건축이 완성되면 비로소 생명이 깃든다. 사용자와 그 시대에 의해 숨결이 부여되고 살아난다. 인간을 위한 건축이 땅 위에 서서 생명체가 된다.

우리 삶은 인식의 한계를 넓혀가며 새로운 형태를 만든다. 삶은 생명과 그 유전자를 지속하게 하려는 자연의 섭리에 따른 거대한 흐름이다. 우리는 그것을 자각할 수 있다. 우리를 에워싸고 있는 상황은 수시로 바뀌고, 삶도 끊임없이 변화한다. 우리가 한숨 들이쉬고 내쉬는 생명의 숨결은 흐르는 강물처럼 오래된 것과 새로운 것이 잇따른다. 이것이 바로 살아 있는 생명의 리듬이다.

건축은 생명을 가진 유기체이다. 인간의 삶에 있어 중요한 요소로서, 건축의 시작이자 근원은 집(주거, 보호처)이다. 집은 정주를 위한 공간이며, 사무 공간, 여가 공간, 운동 공간 등 대부분의 공간이 모두 건축이다. 인간은 건축 없이는 살 수 없으며, 존재와 공존이 불가능하다. 이에 대한 인식이 건축의 출발이다.

건축의 성장과 변화

모든 건축은 언젠가는 소멸한다. 연속적인 시간을 거꾸로 거스를 수 없기 때문이다. 건축은 새로운 환경에 맞춰 성장하고 변화하며, 시간은 멈추지 않고 흐른다. 인간도 건축도 시간의 흐름에 따라야 한다. 그것이 세상의 이치이다. 생성, 성장, 소멸 과정이 순환되며, 그 속에서 진화하는 것이다.

진화(進化, evolution)는 일이나 사물 따위가 점차 발달하거나, 생물의 기원 이후부터 점진적으로 변화해 가는 과정이다. 시간이 흐르면서 물리적 조건이 악화하고, 사람 역시 달라지며, 건축과 도시의 용도도 변화하기 마련이다. 건축도 마찬가지로 진화한다. 성장하고 변화한다. 진화의 요인은 다양하지만, 특히 시대적 변화, 인간의 변화, 건축적 수명의 다함 등이 큰 역할을 한다.

건축의 탄생과 형성 과정은 생명의 출현과 비슷하다. 생명체가 뿌리를 내려 생명이 싹트는 것처럼, 건축도 기초를 다지는 것에서 시작된다. 건축은 기초에 의지해 선다. 집, 건축은 터를 닦고 기초 만드는 것이 시초이다. 이렇게 시작된 건축은 시간의 흐름에 따라 변동이 일어난다. 사용자의 뜻이나 자연의 영향으로 변화가 생겨나는 것은 자연스러운 현상이다. 2,000년 전 돌로 지어진 건축물도 예외는 아니다.

시간이 지남에 따라 애초의 모습은 변경된다. 생명의 진화는 더 강한 생체조직과 더욱 교묘한 신체조직을 발달시키는 것에 의존한다. 어떠한 요인에 의해서도 기존 모습을 완전히 간직할 수 없다. 생명은 성장하고 바뀌기를 거듭하여, 결국 언젠가는 소멸한다. 영원한 생명은 없다. 처음의 용도가 다 되면 건축의 생명도 다한다. 건축은 생성과 성장, 죽음의 자연스러운 과정을 거친다.

건축의 변화는 주로 인간의 의도에 의해 이루어진다. 이는 생물과 다른 점이다. 건축적 변형은 인간에 의해 조절된다. 스페인 바르셀로나의 성가족성당은 아직도 변모하고 있다. 1882년에 시작되어 140년이 더 지난 지금까지도 변화를 거듭한다. 그 변화는 수직적, 수평적이며 시대적 요청으로 성장하고 있다. 시간의 흐름 때문에 건축적 쓰임이 달라져 시대적 요구에 맞게 새롭게 태어난다.

처음 만들어지는 건축은 기능에 기반한다. 하지만 건축물에 시간이라는 요소가 첨가되면, 루이스 설리번(Louis Sullivan)이 말한 "형태는 기능을 따른다."라는 명제가 항상 성립하지 않는다. 시간

안토니오 가우디, 성가족 성당, 바로셀로나, 1882년~

은 건축의 변화에 중요한 요소다. 시간의 개념이 개입하면서 건축이란 생명체가 그대로 유지되거나 지속되기 어려워지고, 변화를 피할 수 없게 된다.

건축물은 애초의 목적과 다르게 시대가 바뀌면 사라지거나 철거되기 마련이다. 하지만 특별한 경우 건축물은 그 시대의 필요에 맞게 살아남아 적절히 변형되어 지속한다. 마치 살아 있는 유기체처럼 진화하며, 생명체와 같이 시대적 변화에 맞게 변경된다.

진화하는 건축
특별한 경우 그 건축물은 그 시대의 필요에 맞게 살아남기 위해 '진화'를 한다. 마치 살아 있는 유기체처럼 말이다. (유현준, 『어디서 살 것인가』, ㈜을유문화사, 2018, p.150)

사실 건축물은 무기물 덩어리이다. 생명이 없는 사물에 지나지 않는다. 이렇게 무기물 덩어리에 불과한 건축물도 살아 있는 것처럼 진화한다. 마치 의식을 가진 생물처럼, 철거되지 않고 더 오래 살아남기 위해 인간에 맞춰 모습을 바꾼다. 이러한 진화 현상을 리모델링, 업사이클링이라 부른다.

건축물은 다른 물건과 다르게 영속한다. 영구적으로 남겨진다. 수명이 길고 사람보다 오랫동안 생존한다. 시대에 따라 다른 용도로 변형되어 다시 사용된다. 건축물 자체를 재사용하는 '업사이클링 건축'은 시대의 변화에 맞추어 살아남기 위해 공간이 진화한다.

건축물은 변형되고 확장된다. 사용자와 용도도 변한다. 건물도 나이 들고 늙어간다. 겉보기에는 고정된 것 같지만 건축물은 항상 움직인다. 심지어 콘크리트조차 건조 수축을 반복한다. 건축물 내 설비와 전기는 에너지를 전달하며, 생명체의 기관처럼 작동시킨다. 건축물은 구상 단계에서 해체에 이르기까지 만들고, 사용하고, 체험하는 사람들 간 협상의 산물이다.

건축가 아이 엠 페이(I. M. Pei)는 "건축이란 자체가 최고의 선언이고, 어떤 명분이라도 모두 시간의 흐름에 따라 사라진다. 진정으로 남아 있는 것은 건축물뿐이다."라고 말했다. 즉 시간의 운명을 이기는 기하학으로 말하자는 것이다. 시간의 운명을 이기는 건축은 사람이 살아가면서 완성된다. 사용하는 사람이 생명체처럼 다루기 때문에 건축은 지속될 수 있다. 건축은 살아가는 사람이 진화시키는 생명체이다.

건축적 공해와 소멸

건축은 사회적 요소다. 물질로 구성된 것이지만, 결국 인간의 생명과 삶을 지탱해 주는 그릇이다. 건축물은 기획(계획), 설계, 시공이란 절차를 거쳐 만들어진다. 하지만 기획을 잘못하면 건축물이 완성되지 못한다. 그렇게 되는 요인은 다양하지만, 결국 사람의 잘

못으로 인해 기획 단계에서 충분한 검토 없이 진행되어 실패하게 되는 것이다. 이는 곧 건축의 실패를 뜻한다.

결국 철거되거나 사라지게 된다. 그것은 건축의 죽음이다. 사람의 오류나 분쟁, 약속 불이행, 신뢰 부족 등으로 많은 시간과 돈이 투입된 존재가 성공하지 못한 것이다. 짓다 만 건축물은 준공이란 단계를 넘지 못하고 중단되어 사람들에게 불편함과 거부감을 준다. 이런 건축물들이 전국 곳곳에 방치되어 있다.

국토교통부(이하 국토부) 자료를 보면, 전국적으로 공사 중단 상태인 건축물은 2022년 말 기준 288곳에 달한다. 강원도가 42곳으로 가장 많았고, 경기(35곳), 충남(33곳), 충북(27곳), 경북(23곳) 순이다. 이 중 약 80%에 해당하는 228곳 건물이 10년 이상 방치됐고, 101곳(35%) 건축물은 20년 넘도록 공사가 중단된 상태로 남아 있는 것으로 나타났다. 더 큰 문제는 10년, 20년 방치되어 흉물로 변한다는 점이다.

오랜 기간 공사가 마무리되지 못한 채 방치된 건축물은 노후화와 관리 부실로 붕괴 위험이 크고, 도시 미관을 해치는 주범이 된다. 장기간 방치된 탓에 자칫 범죄의 소굴로 악용될 가능성도 크다. 게다가 공사 과정에서 미처 치우지 못한 각종 유해 물질도 제대로 관리가 되지 않아 2차 피해마저 우려된다. 지방자치단체(이하 지자체)가 안고 있는 사회적인 문제가 아닐 수 없다.

이런 건축물의 경우 상당수가 시공사의 부도로 공사가 중단되면서 건축주, 시행사, 시공사, 하도급사 등 권리관계가 복잡하게 얽혀 있어 철거도 쉽지 않다. 사업자의 부도, 자금 부족, 법적 분쟁 등 대부분 금전적인 이유로 공사가 끝나지 못한 채 방치되어 있다. 대부분 사람, 특히 돈 문제로 인해 무표정한 콘크리트 더미로 남게 된다. 시간이 지나면 흑색의 고독한 괴물로 변한다. 건축의 문제는 사람의 문제로서 '좋은 건축'을 할 수 없는 위기에 빠진다.

건축은 많은 사람의 노력과 정성, 비용이 투입된다. 하지만 건축물이 완성되지 못하면 피해를 유발한다. 건축에 참여한 사람에게 패배감과 실망, 고통과 좌절을 안겨주어, 종종 심각한 다툼으로까지 이어진다.

방치된 건축물은 지역 경제에도 좋지 못한 영향을 미친다. 지역 슬럼화를 유발하고 상권에도 나쁜 영향을 준다. 주민의 안전까지 위협하는 공사 중단 건축물을 해결할 방안은 없을까? 국토부는 2015년 12월부터 공사 중단 장기방치건축물 선도사업을 시작했다. 심사를 거쳐 38개 후보지를 선정하여 건축물의 용도 변경, 사업 전환을 도모했지만, 추진된 사례는 4개에 불과하다.

방치된 건축물의 정리, 철거 문제는 단순하지 않다. 권리관계가 복잡하고 사유재산이라 지자체가 강제 처분하기 어렵다. 이런 가운데 오랜 기간 방치된 건축물을 '붕괴 위험 건축물'로 정의해 지자체장 권한으로 철거할 수 있도록 한 '장기방치건축물 3법, 즉 장기방치건축물 정비 특별조치법, 주택도시기금법, 대기환경보전법이 발의되었다.

장기 방치 건축물(위: 제천, 아래: 안성)

장기방치건축물 3법은 국민의 건강, 안전과 관련된 사항이므로 사회적 합의를 모아 하루빨리 적용되어야 한다. 안전사고로부터 주민을 보호하고 지역경제 활성화를 위해, 병들고 죽어가는 건축물을 정비해야 한다. 건축적 생명이 소멸하는 존재는 공해이며 사회적 손실이다. 이는 손실의 사회화로서 이롭지 못하다.

방치된 건축물 처리 문제에 대한 국민적 공감대가 형성되어 있으므로 제도적 시행이 시급하다. 건축물도 시간이 지나면 생명은 끝이 난다. 자연스러운 현상으로 쓰임이나 자연적 변화로 건축적 생명이 사라진다. 때로는 인위적인 요인에 의해 생명이 다하기도 한다. 흉물로 변해 버린 을씨년스러운 콘크리트 덩어리는 건축의 생명이 꺼져감을 보여준다. 사람의 행위로 실패한 건축은 생명이 끝이 난다. 이는 비생산적인 모습이다.

건축의 본질

집의 의미와 속성

'건축'이란 단어는 1960년대 이전까지만 해도 우리에게 없었다. 우리는 오래전부터 '집'이란 단어를 사용해 왔다. '건축'이라는 용어는 일본을 통해 유입된 것으로, 우리에게는 '집'이 곧 건축을 의미하는 말이었다. 그렇다면 '집'이란 무엇일까? 집이란 짧은 글자에는 가족, 삶, 소속, 열망, 주택, 마을, 땅, 부동산, 자산이란 의미와 물리적·정신적 안식처, 사물을 담는 수용체라는 뜻이 담겨 있다. '집'이란 말에 얼마나 많은 의미를 내포하고 있는지 모른다.

시인 강정규는 그의 시 「집」을 통해 '집'의 의미를 정의한다. "혼자 사시던 할머니 요양병원 가신 후, 엄마는 이제 외갓집은 아니래 / 그럼 외할머니가 집이었네 / 사람이 집이네"라는 짧은 시에서 깊은 통찰을 담아냈다. 집은 곧 사람이며, 사람 그 자체가 집이 된다. 즉, 집과 사람이 하나이고 집과 사람을 동일시한다. 집은 그곳에 사는 사람을 특정하고 규정하며, 그 사람의 정체성을 보여준다. 집과 사람은 일체다.

동시 작가 박두순은 강정규의 시 「집」 해설에서 '빈집'은 '사람의 부재'를 의미하고 집 자체가 사람이라고 말한다. 집을 보면 그 안에 사는 사람이 어떤 사람인지 짐작할 수 있다. 집을 구성하는 요소, 물건, 분위기를 통해 그 사람을 알 수 있다. 따라서 집은 그 사람의 인품과 성격, 심리와 태도를 짐작하게 만들며, 때로는 집이 사람을 대변하기도 한다.

인간이 스스로를 인간다운 존재로 가꾸어 간다면, 스스로 건강한 집 한 채가 될 수 있다. 사람이 살지 않는 집은 급속하게 폐허로 변한다. 삶의 흔적과 윤기, 그리고 매일의 노고가 스며들지 않으면 집은 곧 생기를 잃는다. 즉 공간, 집은 다루고 다듬고 고쳐 나가야 유지된다. 생활하는 사람이 집을 변화시키고, 집과 사람은 하나가 되어 상호 공존하는 관계다. 시간과 함께 사용자의 손길을 통해 집이 완성되어 간다. 이승우 교수는 칼럼 「네 집을 네 몸과 같이」에서 집을 인간의 몸에 비유한다. 집은 상처 난 자리에 약을 바르고, 제 기능을 못 하면 수술하는 인간의 모습을 닮았다. 집은 사고팔고 부수고 새로 지어 돈을 버는 수단이 아니라, 고치고, 손보고, 어루만져야 하는 것이며, 사람은 집과 같이 늙어간다.

이-푸 투안의 견해처럼 건축은 '영속성'이란 속성을 갖지만 인간은 영속적이지 못하다. 사람이 물체나 사물을 사용하지 않으면 의미를 잃게 되고 영속성 또한 단절된다. 즉, 장소의 지속 여부는 인간의 존재와 사용 여부에 의해 결정된다.

장소와 인간의 영속성

사물과 물체들은 오래가고 믿을 수 있지만, 인간이란 존재는 생물학적으로 취약하고 감정의 변화도 잦아 영속성이나 신빙성을 확보하기가 어렵다. (이-푸 투안 저, 윤영호, 김미선 역, 『공간과 장소』, 사이, 2020, p.62)

사람이 살지 않는 집은 금방 사라진다. 사람이 사는 집에는 온기(溫氣)가 깃들어 있다. 온기가 없으면 집의 생명도 끝난다. 인간의 생명이 집과 함께 존재하는 듯하다. 사람이 살지 않는 집은 저절로 허물어진다. 인적이 끊기면 집의 생명도 점차 소멸된다. 집과 사람의 생명이 함께하는 것이다. 사람의 호흡과 생기가 집을 그대로 보존하거나 변함없이 계속하여 지탱하게 한다.

사람이 살지 않아 폐가로 변하는 속도는 일반적인 시간의 흐름보다 훨씬 빠르다. 그 시간은 가늠하기 어려울 만큼 급격하게 흘러간다. 공가(空家)는 순식간에 폐허로 변한다. 인간은 영속성에 취약한 존재이기에, 장소 역시 사람이 없으면 금세 의미를 잃게 된다. 오래된 집은 서서히 자연의 일부로 돌아간다. 폐가는 시간 속에 무너져 버린 잔재일 뿐 아니라 집의 본질을 거꾸로 추적하게 만든다. 사람과 집은 일체임이 분명하다.

집과 인간이 사라지면, 그 자리는 허공이 차지하게 된다. 그 공간엔 빈집과 폐허만 남는다. 집에는 사람의 따뜻한 눈길과 관심이 필요하다. 사람의 몸처럼 집에는 가꾸고 돌보는 정성이 담겨야 한다. 삶의 질은 안락을 규정하는 매개변수의 통제를 통해 결정된다. 그

집과 자연이 하나가 된 박성봉 씨 주택, 경남 산청, 2018년

중심에 있는 것이 집, 주거이다. 동시 작가 김복근은 그의 시 「집」에서 우주 전체가 집이라 한다. 세상이 다 집이고 생명이 깃들면 그것이 곧 집이라 한다. 생명과 집이 한 몸이라는 의미이다.

'집'이라는 말은 이중적이다. 물리적 거주라는 뜻과 함께 그 안에 사는 가족도 의미한다. 다시 말해, 집은 건물이면서 사람이고 또한 그들 사이의 관계다. 우주로서 집이라는 개념은 모든 사물에 내재한 기하학적 질서가 추상적으로 표현되고, 물질을 통해 분명하게 구현된다.

집은 우리 삶을 지속시키는 기억의 저장소이다. 공간적·의미적 측면에서 작은 집에서부터 큰 마을, 나아가 우주 전체까지도 모두 '집'이다. 집의 가치는 그 크기나 외형에 있지 않다. 그 안에서 사는 사람의 인품, 그리고 삶의 태도에 달려 있다. 사람이 집 안에서 어떻게 사느냐가 집을 규정한다. 집은 정신적인 장소다.

문화와 욕망의 표상

집은 삶의 본질을 상징한다. 주거는 우리 삶 그 자체이이자 존재의 방식이다. 또 우리 삶이 가장 직접적으로 투영되는 실체다. '건축하기'의 핵심은 건축이 인간의 삶에 중요하다는 진정한 믿음을 바탕으로 한다. 건축은 인류가 발명한 문화적 공간 현상이다. 그렇기 때문에 건축을 문화적으로 접근하고, 고민하고, 그만큼 성숙했을 때 인간에게 이로움을 줄 수 있다.

'문화'란 자연 상태에서 벗어나 일정한 목적 또는 생활 이상을 실현하고자 사회 구성원에 의하여 습득, 공유, 전달되는 행동 양식이나 생활양식의 과정 및 그 과정에서 이룩하여 낸 물질적·정신적 소득을 통틀어 이르는 말이다. 문화는 의식주를 비롯하여 언어, 풍습, 종교, 학문, 예술, 제도 따위를 모두 포함한다. 즉, 문화는 한 집단의 가치를 반영한다.

백범 김구는 "오직 한없이 가지고 싶은 것은 높은 문화의 힘이다. 문화의 힘은 우리 자신을 행복하게 하고, 나아가서 남에게도 행복을 주기 때문이다."라고 했다. 미국의 사회학자 다니엘 벨(Daniel Bell)은 인간 사회를 구성하는 세 가지 결합 축을 정치, 경제, 문화라 한다. 이중 정치와 경제가 이해와 타산의 합리성에 의해 인간 사회를 보존시키는 원리라면, 문화는 정반대로 이해관계를 초월한 비합법적인 방식으로 사회를 결속하는 기능을 갖는다. 문화가 가진 속성이다.

루브르 박물관의 투명 피라미드, 아이 엠 페이, 파리, 1989년

한 시대가 갖는 기술적·사회적·경제적 제약 속에서 환경적 제약을 해결하려는 노력이 문화가 되었고, 그 문화의 물리적 결정체가 바로 건축이다. 건축은 문화를 상징하는 대표적인 것이며, 문화유산의 대부분을 차지한다. 역사적인 유산을 보면 알 수 있다.

역사적으로 볼 때 정치가는 건축을 자신의 도구로 활용해 왔다. 정권의 권력자들은 건축을 자신의 통치 이데올로기, 혹은 정치적 성과물로서 전시효과를 노린다. 정치는 건축을 그 본질이나 문화적 의미로 보지 않고, 통치 이데올로기의 단순한 성과물로만 보는 경향이 있다. 하지만 긍정적인 평가를 받는 예도 있다. 특히 프랑스의 정치가들은 더욱 그렇다.

드골에서부터 퐁피두, 지스카르 데스탱을 거쳐 1980년대의 미테랑이 그 주인공이다. 미테랑이 추진한 그랑 프로제(Grand project)로서 열매를 맺은 20세기의 수도 개조, 그것은 경제가 아니라 문화의 힘에 의한 도시 재생 수법이었다. 미술관을 비롯한 도시 문화시설의 역할에 주목하여, 파리 시내에 네트워크를 구축하려는 구상을 세웠다. 그중 하나가 루브르 박물관 증축이다.

루브르 박물관은 1989년 박물관 앞에 건축가 아 엠 페이의 설계로 유리 피라미드를 세우면서 대변신하게 되었다. 이 유리 피라미드는 마름모꼴 격자로 배분하여 만든 추상적이고 근대적인 구조물로, 박물관 내부의 지하광장으로 이어진다. 특히 역 마름모꼴 피라미드가 반전을 자아낸다. 초현대식 구조물은 역사적인 공간과 조화를 이루면서, 광장은 활력으로 넘쳐 흐른다.

건축은 우리 삶을 의미 있는 것으로 만든다. 이것은 대개 문화적 목적으로 이루어진다. 건축물은 다양한 사람들을 연결하는 것이 숙명으로, 건물주나 설계자 개인의 의도를 초월하는 사회적 속성을 띤 문화다. 하지만 건축이 문화란 의견에 동의하는 사람은 많지 않다.

우리 사회에서 건축은 문화가 아니라 부동산으로 전락한 지 오래되었다. 이런 인식은 보편적이며, 현실에서도 쉽게 확인할 수 있다. 재건축 재개발의 복마전, 최고의 경쟁률을 갱신하는 아파트 분양 사례를 볼 때, 건축을 문화라고만 할 수 없다. 건축은 부동산이며 재산 형성에 좋은 수단이다. 동시에 건축주의 욕망을 실현해 주는 도구이기도 하다.

각종 언론에 보도되는 부실 건축과 부실 시공, 사건 사고 등을 보면 우리 사회에서 건축은 더욱더 '문화'로 인식되지 않는다. 그저 하나의 방편이며 자기 욕심을 채우기 위한 수단일 뿐이다. 집은 투자 가치를 지닌 물질이며, 경제적 이익을 가져다주는 실체이다. 건축이 문화로 평가되기보다는 그저 돈벌이 수단이 되었다. 이것이 현 세태이다.

로완 무어(Rowan Moore)는 『우리가 집을 짓는 10가지 이유』에서 "건축에서 욕망이란 건축물의 외부 형태에 나타나는 광기가 아닐까 하는 생각이 든다."라고 한다. 높이와 형태는 건축가의 욕망일 수 있다. 하지만 욕망의 기저에는 돈이 자리 잡고 있다. 즉 건축에서 욕망이란 건축물을 짓는 과정에서 나타나는 건축하는 사람의 '돈벌이'가 아닐까 하는 생각이 든다. 돈벌이 수단, 돈만 추구하는 이기심 앞에서 건축은 문화가 아니다. 더 이상 문화라 할 수 없다.

독일의 건축가 헤르만 무테지우스(Hermann Muthesius)는 "건축 문명이 있기에, 문화도 주장할 수 있다."라고 한다. 건축이 문화의 한 부분으로서 건축가는 추상적인 사고를 명확한 형태로 구현하고, 그 문화의 척도를 만들어내야 할 의무를 지닌다. 결국 건축은 문화의 증인으로 존재한다.

건축은 강력한 기억 장치이며 우리의 정체성은 문화로 확인된다. 그래서 건축은 종종 시대를 비춰주는 '거울'로 비유된다. 개인으로서 건축가는 '문화적 노고'를 감당하는 사람이며, 건축은 무엇보다도 '문화적 노고'의 결과이다. 건축가의 행위로 문화가 탄생한다. 건축이란 문화적 실체는 시간과 비용, 노력으로 만들어진다.

우리가 '건축 문화'라 일컫는 것은 공공의 이상을 건축물에 적용한 표현이자 한 시대를 지배하는 가치관이다. 건축가가 만드는 건축은 우리 삶에 필요한 문화다. 물론 문화의 질적인 문제는 접어두고서라도, 건축은 그 자체만으로 문화다. 건축을 문화적으로 접근하고 고민하는 나라가 선진국이다. 건축은 시대적 문화를 담는 그릇이며 아이콘이다.

시대적 정신과 유산

 2008년 2월 우리의 국보 1호인 숭례문이 화재로 소실되었다. 국가 문화재가 어처구니없게도 토지 보상에 불만을 품은 한 시민의 방화로 전소되었다. 이 사건은 문화재 관리의 허점을 들어낸 충격적인 사례였다. 이와 유사한 사건이 프랑스에서도 벌어졌다. 노트르담 대성당 화재가 그것이다. 물론 화재 원인은 서로 다르다.

 조규형은 한 글에서 숭례문을 사람에 비유하여 "큰 부상을 당했지만, 수명을 다한 것은 아니다. 큰 상처를 입었지만 생명을 유지하며 문화재 지위도 상실하지 않았다."라고 생명체처럼 표현하였다. 생명체처럼 살아 있고 건축적 특성은 남아 있어 문화적·역사적 의미와 가치는 크다. 글쓴이의 재치가 돋보인다. 화재 이후 숭례문은

복원 후 숭례문, 서울, 2018년

단청이 벗겨지고 들뜨는 등 부실 복원 논란에도 휘말렸다.

　2019년 4월 15일 파리의 아이콘이 무너졌다. 850여 년 역사의 노트르담 대성당은 축적된 인류의 무수한 기억을 간직한 곳으로 프랑스 문화의 정수로 꼽힌다. 파리의 최대 관광 명소이자 역사적 성지인 이 대성당은 화재로 96m 높이의 첨탑이 붕괴되고, 목조 지붕이 무너져 내렸고, 내부가 손상되는 등 큰 피해를 입었다. 교황청은 이 화재로 인해 충격과 슬픔에 빠졌다.

노트르담 대성당(화재 후), 파리, 1960년, 사진: 김혜인

　2023년 5월 개봉한 영화 『Notre Dame on Fire』는 노트르담 대성당 화재를 배경으로 한다. 이 영화는 대성당과 종교적 보물을 지키기 위해 목숨을 걸고 싸우는 구조팀 이야기를 다룬다. 오랜 역사를 가진 이 성당의 가시면류관, 성 십자가, 십자가 못 등 많은 귀

중한 성유물을 화재로부터 지키기 위해 헌신하는 영웅의 이야기를 생생하게 그려냈다.

하지만 영화에서는 화재의 원인을 직접 언급하지 않는다. 영화 초반부에 관리자가 담배를 피우며 출근하고, 근로자들이 작업 중 담배를 피우는 모습이 보인다. 또한 전기 합선으로 불꽃이 튀는 장면도 보여주며, 화재 원인이 무엇인지 넌지시 알려준다. 불합리한 행동과 부주의가 화재 발생의 원인인 듯하다. 개조(리모델링) 과정에서 발생한 요인, 즉 시공자의 부주의한 행동과 관리 부실로 화재가 발생한 것으로 짐작된다.

에마뉘엘 마크롱(Emmanuel Macron) 프랑스 대통령은 "노트르담은 우리 역사이자 문학, 정신의 일부이며 위대한 사건들이 일어난 장소, 삶의 중심지였다."라고 안타까움을 전했다. "우리는 할 수 있다","우리는 대성당을 더 아름답게 재건할 것"이라며, 노트르담 재건을 위해 프랑스 국민에게 단합할 것을 강조했다. 국가적인 차원에서 복원할 의지를 보였다. 하나의 건축물은 그 나라의 기술력과 국력을 보여주는 상징이며, 국가 정신과 문화를 담고 있다. 또한 국가의 자존심을 상징한다.

우리와 비교되는 사건이 아닐 수 없다. 1977년에 제정된 프랑스 건축법에는 "건축은 문화의 표현이다. 건축적 창조성, 건물의 품격, 주변환경과의 조화, 자연적 경관, 도시 환경 및 건축 유산의 존중은 공공의 이익을 위한 것이다."라고 되어 있다. 한 나라의 대표자가 대국민 담화를 통해 건축물 화재로 인한 재건축 방향을 제시하는 것만 봐도 우리의 경우와 비교된다. 프랑스는 건축을 문화로 생각하며, 건축이 시대정신이자 문명임을 인정한다, 이러한 차이가 우리와 확연히 구분되는 부분이다.

공공성 확보

건축은 공공적 성격을 지닌다. 또 생활 공간에 직결된 사회적·문화적 사안을 다루는 인문사회적 활동으로서 중요한 의미를 갖는다. 건축이 목표하는 바는 단순한 부동산 가치를 뛰어넘는 공공성에 있다. 공적인 가치가 우선시되어야 하며, 이는 바로 건축이 지녀야 할 윤리를 뜻한다. 건축이라는 거대한 대상을 짓는다는 것은 일정 형식의 공공성을 전제로 한다. 공공성은 좋은 건축의 조건 중 하나이다.

완성된 건축도 결과적으로 공동의 성질을 낳는다. 개인 소유라 해도 개인만의 건축은 있을 수 없다. 건축은 다양한 사람들과 집단, 사회 전체에 영향을 끼치기 때문이다. 또한, 건축은 그 자체로 공적인 특성을 보인다. 이를테면 건축을 소유한 사람보다, 건축물에 접하여 걷거나 로비를 지나는 익명의 대중에 의해 더 많이 소비된다. 더 많은 불특정 다수가 건축물을 경험하는 것이다.

우리는 일상적으로 같은 건축물을 출입하거나 지나다니며 접한다. 걷거나 자동차나 자전거를 타고 지나치는 모든 건축물은 사람들의 인식에 영향을 미친다. 이렇듯 건축물의 외부 환경은 우리가 어디에서 살아가고, 어떻게 움직이느냐에 따라 사람의 지각을 형성한다. 이런 이유로 건축물은 규제를 받게 되는 것이다.

경관 심의나 건축 기준(standard), 지침에 의한 제한은 통일성과 보편성을 꾀한다. 보편적인 조화로움을 만들어내고, 새 건물과 옛 건물이 어우러져 일관성을 부여한다. 영국 런던의 건축물 높이는 세인트 폴 대성당의 경관에 영향을 준다. 프랑스 파리시는 건축물의 마감재와 높이, 지붕 각도에 대해 엄격하게 규제한다.

파리시의 건축 제한
파리는 규칙성을 중요시하는 도시기 때문에 고도 제한만이 아니라 층수도 제한하고, 망사르드 지붕 단벽의 각도까지도 제한한다. (루스 슬라비드 저, 김주연, 신혜원 역, 『좋은 건축의 10가지 원칙』, ㈜시공사, 2017, p.29)

건축은 단순한 사용과 촉각을 넘어 더 큰 영역과 관계한다. 삶의 무대로서 공동체 구성원이 함께 모여 춤추고 노래하며, 일상적 삶의 공동체 경험을 가능하게 한다. 건축은 또한 인간과 세계를 잇는 매개체이자, 그것 너머를 상징하는 작은 세계를 창조한다.

건축물은 지어질 장소와 기능뿐 아니라 그곳에 거주하고 사용할 사람을 배려해야 한다. 건축가는 특히 거주하고 사용할 사람을 존중해야 한다. 건축은 개인만의 것이 될 수 없다. 건축주가 자기 돈으로 집을 짓는다 해도 그는 소유권을 가질 뿐이며, 누구 한 사람

규정에 따라 정리된 파리의 건축물

만을 위한 건축이란 있을 수 없다. 이를 위해 건축가는 건축이 가진 공공성을 담아내야 한다. 공적 가치는 사적 가치보다 우선하며, 사적 이익은 공적 이익에 종속되어야 한다.

건축은 종종 개인과 회사의 전 재산이자, 공공(公共)의 자산이 되어 사회 전체가 비용을 치르는 값비싼 대상이기도 하다. 그러므로 건축의 공공성 문제는 건축 행위의 결과물인 건축물 자체만이 아니라, 사회 혹은 사회문제에 참여하고 개입하는 행위로까지 확장해서 논의해야 한다. 건축은 나만의 것이 아니라 모두의 것이기에 그러하다. 건축의 공공성은 공공을 얼마나 배려하고 그 정신을 실현하느냐에 달려 있다.

공공성은 사람들이 모여 '공적인 일, 공동체의 일을 함께 결정해 나가는 과정'을 뜻한다. 말하자면 열려 있는 것, 폐쇄된 영역을 갖지 않는 것, 즉 공개성을 반드시 갖추어야 하는 중요한 특성이다. 그러므로 공공성은 결국, 공적인 일을 함께 결정하는 과정인 동시에 그 과정은 열림, 곧 공개성을 뜻한다.

건축물은 공공장소에 생명을 불어넣고, 사람과 관계 맺는데 중요한 역할을 담당한다. 사용자와 사회 구성원에게 기쁨과 희망을 선사하며, 그 공공적 가치는 매우 크지만 수치적인 자료로는 표현할 수 없다. 권력과 자본의 힘으로부터 공공의 이익을 지키는 것이 건축가의 책무이다. 건축가는 물리적 환경을 다루는 사람으로 바뀌었지만, 여전히 공공성 구현자라는 사명감은 변하지 않았다.

자유롭고 공평한 사회를 지탱하는 힘은 개인적 자아를 넘어선 공공 정신에 있다. 그런 정신 아래 사람이 모이고 함께 살아가는 편안함을 실감할 수 있는 장소와 시간이 참된 의미에서 '공공(public)'이다. 이런 건축을 만드는 것은 국가나 공공기관만의 몫이 아니다. 사람들의 인생을 풍성하게 만들고 문화를 창조하고 키워나가는 것은 어느 시대나 일반 대중의 강력하고 격렬한 열정과 노력이다. 그들의 열정과 노력에 부응하는, '생명'이 깃든 공공성 높은 건축이 우리에게 필요하다. 또 건축가는 생동감 넘치는 공공 공간을 만들어내야 한다.

인간과 환경

인간 존중과 건축 정신

건축은 인간의 삶에 있어 귀중하고 요긴하다. 건축의 성립 조건, 그 기저에는 인간이 있다. 건축가는 만물의 영장인 인간을 위한 건축을 추구해야 하며, 건축 정신은 인간을 살리는 불꽃이자 생명이며 수단이다. 그러므로 우리에게 필요한 것은 건축에 대한 믿음이다.

김광현 전 교수는 "르코르뷔지에(Le Corbusier)의 위대함은 살아 있는 인간에 대한 애정이 있고, 오직 건축을 통해서만이 기계화된 문명 시대에서 인간과 생명에 대한 전면적인 긍정이 가능하다는 신념에 있다."라고 한다. 한마디로 오늘날 우리가 르코르뷔지에를 주목해야 하는 이유가 바로 여기에 있다.

사물의 단편화를 부르짖고 인간을 각종 매체의 산물로만 여기는 허약한 현대 문화 이론에 대항하여 결국, 중요한 것은 여전히 '인간'이다. 인간을 '건축 정신'의 중심에 두고, 건축을 통해 인간과 예술을 접목해야 한다는 사실은 변하지 않는다. 이러한 진실은 근대 정신주의자 르코르뷔지에의 작품에서 읽을 수 있다. 건축 정신은 인간을 존중하는 자세(마음)이다.

르코르뷔지에, 롱샹 교회, 파리, 1965년, 사진: 양영훈

 소설가 한창훈은 『집』이란 칼럼에서 집은 꼭 돌아가야 할 장소, 마음의 안식처라고 말한다. '귀가 본능'이란 말처럼 언젠가는 본래의 장소로 돌아가려는 의지가 자연스럽게 발휘되는 곳이 집이다. 그것은 익숙한 곳에서 느끼는 안정감 때문이다. 집은 안정과 안심을 보장한다. 사람들은 집을 떠나 있을 때, 돌아갈 곳 없을 때 집이 얼마나 좋은 곳인지 안다. 편안하게 누울 방이 세상에서 가장 좋은 곳이라 느낀다.
 집과 가족이라는 두 개의 명사가 인간의 최후 보루이다. 인간에게 제대로 된 유일한 건축은 집이 아닐까? 가족이 정주하는 집, 건축이란 결국 인간이 담기는 것이고 인간이 만드는 것이다. 물론 크게 보면 자연에 기대는 행위이지만, 근본적으로 보면 인간이 자연과 떨어져 자연에서 자신을 지키는 물질적 공간이다. 자연으로부터 보호받기 위한 은신처이다.

집은 일상의 시작이자 끝이다. 하루가 시작되고 마무리되는 장소이기에, 필연적으로 돌아가야 하는 안식처이다. 우리는 언제나 집으로 가야만 한다. 이러한 집, 건축은 기능을 담고 있으며, 그 안에서 인간 활동이 이루어진다. 기능은 인간의 동선이며 동선은 인간의 활동을 의미한다.

건축은 인간의 삶을 이해하는 통로이다. 모든 존재는 실체이며 그림자이자, 영혼이며 육체이기도 하다. 집이라는 공간 역시 하나의 길이라면 그 길은 깨달음이나 지혜에 이르는 길이어야 한다. 인간의 불완전성을 완전하게 만들기 위해 걸어가는 길이다. 집은 인간이 걸어가는 또 하나의 길이며 반드시 돌아가야 하는 원점이다.

건축은 의식주라는 인간의 3대 기본 본능적 행위 중 하나다. 따라서 건축은 인간의 본질을 반영하는 결과물이기도 하다. 건축은 사람을 연결하고 우리의 모습을 비춘다. 건축이란 인간이 정신적·육체적으로 자기를 발전시켜 나갈 생활 공간이다. 그렇다면 사람 냄새와 그림자가 느껴지는, 인간 친화적인 건축물을 지어야 한다. 진정한 가치는 인간적인 건축에 있다.

공간 의식과 인지 작용

건축을 '마음의 소리를 담는 그릇'이라 말한다. 건축은 인간의 심리와 의식, 나아가 뇌와 마음에까지 영향을 미친다. 건축을 형성하는 공간, 형태, 재료, 분위기가 감성을 자극하며, 사용자의 생각과 촉각에도 영향을 준다. 시각적인 이미지와 체험을 통해 영향을 받는다.

'공간이 의식을 지배한다'는 말은 건축이 사람에게 영향을 미친다는 의미로 해석된다. 건축이나 공간이 사람에게 영향을 준다는 사실은 부인할 수 없다. 영국의 총리 윈스턴 처칠(Winston Leonard Spencer Churchill)은 1943년 독일군 공습으로 무너진 국회의사당 복원 연설에서 "건축과 구조가 인간의 성격과 행동에 영향을 준다는 것은 의심할 여지가 없다. 우리는 건물을 만들지만, 나중에는 건물이 우리를 만든다. 건물이 우리 삶의 행로를 지배한다."라는 명언을 남겼다.

건축이란 개념에는 하나의 기본적인 진실이 담겨 있다. 우리가 차지하고 있는 공간, 즉 건축은 우리와 무관한 중립적 존재가 아니다. 우리가 그 공간에 있고, 우리가 그 공간을 만들며, 다시 그 공간이 우리를 만든다. 건축이 우리의 삶을 바꾼다는 명제에 동의하지 않을 수 없다.

실제로 어린 시절이나 성인이 되어 첫 출근 날을 추억할 때, 우리는 꼭 그 장소에 대한 기억을 동반한다. 이것은 뇌에서 장기 기억을 형성할 때 가동하는 세포와 공간을 찾는 세포가 같은 부위에 있기 때문이다. 현대인들은 대부분의 삶을 집(아파트), 사무실, 학교, 지하철, 공장 등과 같은 인공 건축물에서 보낸다. 그래서 건축 환경이 삶에 큰 영향을 미칠 수밖에 없다.

미국의 건축 평론가인 골드 헤이건(Sarah W. Goldhagen)은 뇌과학과 인지 신경심리학에서 새롭게 밝혀진 지식을 통해, 건축 환경이 인간의 마음에 어떤 영향을 미치는지에 대한 답을 내놓았다. 바로 '체화된 인지'가 그것이다. 습관이나 버릇처럼 공간 내에서 몸이나 의식에 기억된 것에 의해 자연스럽게 반응하여 행동으로 나타나는 현상을 말한다. 근육이 움직임을 기억하듯이 공간에 대한 작용은 신체에 기억된 인지 때문에 움직인다는 것이다.

사람들은 왜 천장 높이가 2.4m인 방보다 3.6m인 방에서 더 창의적인 생각을 하게 될까? 학생은 왜 자신이 평소에 공부한 교실에서 시험을 볼 때 더 좋은 성적을 얻을까? 헤이건은 인지과학과 신경과학에서 밝혀진 새로운 사실을 건축과 연결하는 작업을 했다. 그중에서도 그가 집중한 것은 삶을 무의식적으로 지배하는 '체화된 인지' 작용이다.

인간의 사고와 행동에 영향을 주는 환경은 물리적 공간만 있는 것이 아니다. 사실 인간은 주위의 물리적 환경보다 인적 환경에 더 큰 영향을 받는 사회적 동물이다. 하지만 공간은 의식에 영향을 주는 하나의 요인인 것은 분명하다. 사람은 건축물을 만들고 공간을 꾸미며, 그 안에서 인간의 생활 방식이 규정되고 지배받는다.

자연의 유기적 가치

지구는 지금 위기의 시대를 맞이했다. 우리는 지구 온난화를 넘어 '지구 열화'의 시대를 살고 있다. 이 상황은 인류 종말을 예고한다. 지구가 고통받고 있다는 뜻이다. 부인할 수 없는 사실로서 인류 문명 발달에 따라 자연환경이 심각하게 훼손되고 파괴되고 있다. 이것은 자연의 본질적인 가치를 우선하지 않은 결과이다. 이제 인간의 의지와 선택은 인간과 자연을 별개의 존재가 아닌 공존 관계라는 원칙을 되새겨야 한다.

건축은 환경의 일부이다. 건축이 물리적 환경을 뜻한다면, 건축은 그것을 포함하는 형이상학적 환경까지 아우른다. 새로운 건축이 만들어지려면 환경이나 자연의 일부를 바꾸는 일이 불가피하다. 본질적으로 자연을 변형하는 일이며, 어떤 논리로 포장하더라도 건축하기는 자연환경을 파괴하는 행위이다.

건축물을 앉히기 위해 땅을 파는 것은 수많은 식생과 생명의 서식처를 없애고, 대기와 지하수를 오염시키는 행동이다. 건축 행위로 자연을 훼손하든, 자연과 어울리든, 최소한의 훼손은 필요하다. 자연에 대한 변화가 필요하지만 만들어진 건축이 자연과 조화되고 환경에 이롭다면 좋은 것임에 분명하다.

미국의 건축가 제임스 와인(James Wines)은 '베스트'라는 건축물을 허물어지는 형태로 디자인하여 '자연의 복수'라는 메시지를 남겼다. 복수라는 단어의 의미는 '가해자에게 다시 되돌려주는 것'

인간에게 유익한 영향을 주는 자연, 마임비전빌리지, 여주, 2024년

이라 한다. 인간이라는 가해자에게 자연은 무엇을 되돌려주는가를 생각하게 한다. 그만큼 건축은 자연환경 파괴의 주범일 수 있음을 일깨워준다.

건축과 자연은 서로 배경이 되기도 하고 주인이 되기도 하는, 일종의 게슈탈트적 관계를 맺는다. 건축가는 자연 친화적인 건축을 추구하지만 인간의 작품이 어느 것도 자연과 같을 수는 없다. 자연을 이용하고 활용할 뿐이다.

자연의 일부로 존재하는 주택이야말로 이상적인 주거 공간이다. 자연을 느끼고 그 변화를 최대한 획득할 수 있어야 한다. 프랭크 로이드 라이트(Frank Lloyd Wright)의 낙수장(Falling water)은 최고의 건축물 중 하나로 꼽힌다. 지역의 재료를 사용했으며, 건축물 이름처럼 낙수장의 근원인 폭포를 활용하여 자연과의 조화를 이루

프랭크 로이드 라이트, 낙수장, 베이런, 1936년

었다. 라이트는 "자연을 관찰하라. 자연과 가까이하라. 자연은 절대 배신하지 않는다."라고 한다. 낙수장은 실용적인 개념과 미의 관계, 자연과 건축물의 융합을 확인시켜 준다.

프랑스 건축가 장 루벨(Jean Nouvel)이 설계한 아부다비 루브르 뮤지엄의 외부 지붕은 둥글다. 이 건축물의 모티브는 자연 소재인 야자나무이다. 중동에서 야자나무는 신성시된다. 야자나무를 위해서 본 느낌과 밑에서 본 느낌을 건축물에 적용하였다. 그는 야자나무를 건축물의 주제로 삼고, 공간 내부에 빛이라는 물로 가득 채웠다. 건축물 내부와 외부를 빛이라는 매개체로 거대한 오아시스를 만들었다. 사디야트섬(Saadiyat island)에 지어진 미술관은 그 지역에 조화되어 새로운 명소로 자리매김하고 있다. 누구나 감동할 수 있는 창조적인 건축이다.

아부다비 루브르 뮤지엄, 장 루벨, 아부다비, 2017년

건축가는 식물이나 자연을 건축에 끌어들인다. 식물로 벽을 장식하여 '살아 있는 벽'을 만들고, 식물이 벽에서 생존하여 건축물과 일체화된다. 그 결과, 건축물이 살아 숨 쉬고 있다는 것을 느낄 수

있다. 정원을 건축물 상부에 만든다. 이 같은 노력은 모두 자연을 건축적 요소로 도입하는 사례에 해당한다. 건축으로 훼손된 자연을 건축적 장치로 채용하는 수법이다.

건축가는 건축 행위 자체가 자연을 파괴하는 행위라는 사실을 인식해야 한다. 건축 행위는 자연에 영향을 미친다. 하지만 건축이 자연과 조화되어 공존하는 것도 가능하다. 자연을 보전하고 이용하는 것은 건축가의 생각과 의지에 달려 있다. 자연을 적절히 활용하여 건축으로 인한 훼손을 최소화하려는 전략적 접근이 필요하다.

바쁜 현대인은 자연을 접하는 것이 쉽지 않다. 하지만 우주를 집약한 것과 같은 자연이 자신과 이어져 있다는 상상만으로도 마음은 충만해진다. 자연을 통해 위로받는다. 자연은 고유의 '유기체적 가치'가 있으며, 이를 인정하는 것이 자연과 인간, 인간과 건축이 공존하는 세계관의 출발점이다. 자연 생태계를 고려한 유기체적 가치를 바탕으로 현세대는 물론 미래 세대를 위해 자연환경은 보호되어야 한다. 자연과 인간, 자연과 건축, 인간과 건축이 안정된 관계를 맺고 그 관계가 유지되어야 한다. 자연은 위대한 신의 창조물이며 건축은 인간의 창조물이다.

자연환경에 녹아든 건축물, 마임비전빌리지, 여주, 2024년

땅의 예술로서의 건축

건축 분야에서 환경을 배제하고 논의할 수는 없다. 애초부터 자연 속에 인공 환경을 만드는 수단 체계가 건축이며, 그것은 본질적으로 환경 파괴를 수반한다. 오늘날 우리가 직면한 환경 문제를 생각해보면, 나무 벌채와 돌 채굴로 인한 자연 파괴, 재료 가공 과정에서 생긴 막대한 에너지 소비, 중장비 사용에 의한 과도한 에너지 방출, 건설 폐기물 문제 등이 환경 파괴의 주범이다. 건축 행위가 문제의 원흉이라고 해도 과언은 아니다.

일본도 우리와 별반 다르지 않다. 최우용은 건축이란 존재 자체가 환경에 부하를 준다고 한다. 환경의 시대에 건축은 무엇을 발신할 수 있는가. 건축가는 어떤 접근방식을 취해야 하는가에 대해 질문한다.

건축 행위와 일본의 건설 폐기물
일본의 산업폐기물 중에서 건설 관련 부분이 점하는 비율은 9할에 달한다고 합니다. (중략) 이미 자기 현시욕에 내맡긴 형태 놀음을 계속할 수 있는 시대가 아닙니다. (최우용, 『일본 건축의 발견』, 궁리, 2019, p.138)

건축 분야에서 환경 문제에 대한 최대의 공헌은 결국 아무것도 만들지 않는 것일지도 모른다. 하지만 이는 너무 극단적으로 가버린 것이다. 그다음으로는 규모를 작게 하자는 의견에 도달한다. 이때 기존 건축물을 수선하거나 재생하는 주제가 중요한 의미로 대두된다.

이런 논의는 환경 문제를 자연 파괴냐 보존이냐 하는 극단적인 양자택일의 문제로 환원시켜 버릴 위험성에 처한다. 급진적인 환경론자가 말하기 쉬운 주장이다. 그렇지만 모든 건축 생산 활동을 갑자기 중단하고 이전의 생활로 회귀한다고 해도, 사회가 응해줄 리 없다.

현실과 이상을 좁히려는 노력 없이 맹목적으로 자연환경 보호만을 외치는 것만으로는 상호 이해를 얻기 어렵다. 그 사이에도 환경 파괴가 조금씩 진행된다. 그런 단순한 논리로는 서로 다른 차원의 인자가 복합적으로 얽혀 있는 환경문제를 제대로 논의할 수 없다.

건축은 본질적으로 환경에 부담을 줄 수밖에 없는 행위이다. 환경을 생각할 때는 자연환경뿐만 아니라 사회적·문화적 환경에 대해서도 각기 상호작용 관계에 근거하여 고찰하는 것이 필요하다. 자연적·생태적 환경도 매우 중요하지만, 그것은 여러 조건 중 하나일 뿐이다.

무분별한 도시 건설과 파괴의 반복에 제동을 거는 것은 당면한 환경문제를 생각하는 데 상당히 유효한 방편이 된다. 20세기의 대량생산, 대량소비, 대량 파괴에 기반한 생활 방식이 완전히 파탄을 맞이한 현재, 도시 또한 모든 국면에서 지구 전체의 환경을 의식하지 않을 수 없는 상황에 직면하고 있다.

그때 건축으로 무엇을 할 수 있는지 물어보면, 결국 오랜 시간 버터낼 수 있는 양질의 건축물을 만들어야 하는 가장 어려운 과제에 봉착하게 된다. 건축물을 오래가게 하는 것으로 자원 낭비가 억제되고 폐기물 양도 감소한다. 즉 건축 행위로 소비되는 에너지 총량

안도 다다오, 뮤지엄 산, 원주, 2015년

을 감소시킬 수 있으며, 이는 자연스럽게 이산화탄소 배출량 감소로 이어진다.

건축한다는 것이 생산 행위인 이상 환경 파괴와 에너지 절약 문제는 오래된 과제이다. 하지만 눈앞의 이익뿐만 아니라 환경을 고려한 폭넓은 의식을 갖고 당면 과제에 몰두해야 한다. 비용을 절감하려고 좋지 않은 재료를 사용하여 어떻게든 투자 효과가 높이려 해도, 그 공간이 빈약하면 결국 건축 수명이 단축되어 결코, 에너지 절약은 되지 않는다.

건축은 불변하는 땅의 예술이다. 모든 건축물은 주변환경과 어우러지면서 자기 역할을 다해야 한다. 비록 건축 행위가 땅과 자연 환경을 훼손하는 것이라 해도 그것은 인간 필요에 의한 것이다. 자연과 공존하며 환경 오염을 최소화할 방법에 대해 건축가의 깊은 고민과 남다른 노력이 요구된다.

건축의 사회적 위상과 역할

건축의 형성
여름

    성급한 여름이 찾아오면 반가운 봄은 짧게만 느껴진다. 여름은 건축하기 힘든 계절이다. 날씨가 덥고 습하기 때문에 능률이 오르지 않는다. 더위와 비로 인해 건축하기가 어렵다. 날씨는 무덥고 비는 쉴 새 없이 내린다. 장마가 지속되어 쉬는 날이 많다. 태풍이 몰려오기도 한다. 자연도 인간도 지치고 힘든 시간이다. 하지만 건축을 멈출 수 없다. 건축의 시간은 정해져 있기에 건축에 대한 약속을 지키기 위해 지속해야 한다. 여름을 참으면 가을이 오기 때문에 건축의 시간을 허비할 수 없다. 끈적한 여름이 지나면 풍성한 가을이 온다.

좋은 건축과 건축의 본질

좋은 건축의 참뜻

건축은 우리 삶을 이루는 직접적이고 실질적인 수단이다. 그래서 건축은 우리 삶을 조직한다고 말한다. 프랑스 철학자 가스통 바슐라르(Gaston Vachelard)는 『공간의 시학』에서 "첫 번째로 살던 집에서 생각과 기억의 틀이 처음 갖춰지고, 이런 생애 초기의 경험과 이후 행동의 연결은 사실상 끊어지지 않는다."라고 말했다. 삶의 경험과 기억, 그리고 그 경험이 일어나는 장소 사이에는 특수한 연관성이 있다.

건축 행위의 본질은 좋은 품질에 있다. 즉, 좋은 건축이어야 한다는 뜻이다. 그럼 좋은 건축이란 무엇일까? 우선, 기본적으로 건축적 동기를 충족시켜야 한다. 건축의 진정한 가치는 그 공간을 이용하는 사람들의 마음과 마음을 연결해 주고 감동과 기쁨, 꿈과 희망을 새겨 넣어 주는 것이다.

건축 생산 과정에서 공간을 만들고 연결함으로써 '장소'를 형성한다. 장소를 만들고 그 공간을 연결함으로써 건축의 근본을 달성한다. 좋은 건축은 문화와 장소의 정체성, 곧 장소성(genius loci)에 밀접하다. 건축을 한다는 것이란 곧 그 장소를 만드는 행위다. 지형의 조건과 역사적 기억을 내포한 장소는 건축에 고유한 의미를 부여하며, 공간에 의미가 담기면 비로소 '장소'가 된다. 장소성이 뚜렷한 건축이 진정으로 좋은 건축이다.

예술의 본질은 인간의 감정에 호소하는 것이다. 예술은 유희나 꿈과 비슷하다. 건축도 예술의 한 형태로, 음악 등과 같이 '형식예술'로 분류된다. 건축 작품은 그 공간을 이용하는 사람들에게 주어지는 일종의 기분, 정취, 감흥과 같은 내용을 함께 전달한다.

건축 프로젝트는 대개 자금과 용도를 정량화해야 타당성을 획득할 수 있다. 그런데 우리가 무형의 무언가를 인식할 때면 종종 '감동적이다'라거나 '아름답다', '좋다' 따위의 모호한 말을 한다. 하지만 이런 식의 멋진 말에는 구체적인 내용이 담겨 있지 않다. '아름답다'면 누구에게 그리고 어떤 면에서 그러할까? 아마도 개인적인 취향 혹은 좋고 나쁨이라는 개념에 의존하는데, 우리는 그런 개념이 유래한 미학적 기준에 대해서 잘 알지 못한다. '좋다'라는 의미는 단순한 것이 아니며, 그것은 신체와 어떤 관계에 있느냐에 의해 정해진다.

이종건 교수에 의하면 '좋음'과 '나쁨'은 개체 간의 관계에 안에서 결정된다. 이것은 한정된 상황이나 관계에 따라 '좋음'과 '나쁨'이 규정되며, '선'과 '악'도 뒤바뀔 수 있음을 의미한다. 결국, 판단의 근거는 객관적이지 못하고 주관적인 성향의 주장일 뿐이다.

좋음과 나쁨에 관한 판단

좋은 것과 나쁜 것, 좋음과 나쁨의 판단은 신체의 역능을 강화시키냐 약화시키느냐에 따라 결정된다. 자연에는 본디 선이나 악이 없다.

(이종건, 『무엇이 좋은 건축인가』, 건축평단, 2016, p.86)

　건축은 사람의 마음이라고도 할 수 있는 의지나 감정과 같은 것이 '시각적인 형태'로 표현된 일종의 관념일 뿐이다. 가치 판단이나 관점에 따라 달라질 수 있지만, 건축의 본질은 '공간'이다. 공간은 보이지 않으며 느껴질 뿐이어서 공간의 실체를 경험하는 것이 쉽지 않다. 대신 공간을 구성하는 형태와 재료의 물성을 본질보다 앞서서 인식하는 현상적인 시지각으로 인해, 공간은 항상 그 뒤로 숨어 버린다.

　그래서 건축의 본질은 실용성으로서 실체로 보이는 품질이며 물질이다. 좋은 공간이란 사람이 쓰기에 편리하고, 그 안에서 행복한 시간을 제공해 주는 공간이다. 공간은 삶의 모습을 그대로 담아내며, 우리는 단 한 번도 공간을 벗어나 살아 본 적이 없다. 그리고 그 공간은 우리가 만드는 이야기로 채워진다. 결국, 우리가 끌리는 공간이 모두에게 필요한 좋은 공간이다.

　건축가 김중업은 "건축은 인간에의 찬가이며, 알뜰한 자연 속에 인간을 보다 나은 삶에 바쳐진 또 하나의 자연이다. 참다운 건축이란 인간에게 짜릿한 감성을 주어 끝없는 기쁨으로 승화시키는 드라마를 연출한다."라고 말했다. 참다운 건축, 진실한 건축, 착한 건축, 건강한 건축 등 용어는 다르지만 뜻하는 바는 인간에게 기쁨과 행복, 즐거움을 주는 건축으로 집약된다.

세계평화의 문, 김중업, 서울, 1988년

좋은 건축의 한 가지 기본 요건은 '의뢰인의 요구사항을 얼마나 잘 충족시켰는가'이다. 이는 좋은 건축의 필요조건 중 하나이다. 아무리 건축사에 큰 발자취를 남기거나, 이론적으로 혹은 기술적으로 새로운 시각(사실, 아이디어 등)을 제공한다 해도, 의뢰인의 요구사항을 충족하지 못하면, 좋은 건축이라 할 수 없다. 건축주가 원하는 바를 만족시켜야 한다. 건축이 시작된 동기는 건축주의 필요성이다. 그러므로 부실이나 하자 없는 고품질 건축을 만들어야 한다. 좋은 건축은 기본적으로 품질이 양호한 것이다.

좋은 건축에 대한 정의는 다양하다. 하지만 사용자, 건축주의 관점에서 좋은 건축이란 무엇인가. 그렇다면 당연히 사용자, 건축주가 만족하는 것이 좋은 건축이다. 건축이 갖는 각종 의미를 제외하고 오직 사용자, 건축주가 과정이나 그 이후, 사용하면서 느끼는 만족이 가장 중요한 판단 기준이다. 만족감이 크면 더 좋은 건축임이 분명하다.

인간의 희망과 욕망

건축은 인간 욕망의 산물이다. 건축물 자체만으로 광범위한 활동을 가능하게 한다. 일상적인 것부터 특별한 것까지 각종 활동이 그 안에서 이루어진다. 사람에 의해 일상적인 활동이 형성되므로, 결국 건축은 사람을 위한 것이다. 그러므로 인간을 위한 건축이 아니면, 그것은 진정한 건축이라 할 수 없다. 좋은 건축은 더욱 아니다. 건축 내에는 시간과 공간이 존재한다. 건축은 그 안에서 일어나는 활동으로 완성되며, 그 활동은 공간이 있어야만 가능하다.

인간은 건축물이 단순히 기능만 담고 있는 게 아니라, 감정과 연결된 무형의 무언가가 있다는 것을 알고 있다. 건축물은 땅의 가치나 경제적 야망, 부에 관한 긍정적인 상징이 되며, 사람의 희망과 의도를 이어주는 매개체이기도 하다. 한편, 도심 상업 지구의 고층 마천루는 치열한 경쟁이 벌어지는 곳임을 알게 해 준다.

건축물은 인간의 충동과 일대일로 대응시켜 해석할 수 있다. 사람이 자기 집을 넓히고, 새로 만들고 보수하고 수선할 때, 순수하게 기능만을 고려하지 않고 내리는 결정에는 충동과 욕망이 내포되어 있다. 두바이가 관심을 끈다고 하면, 그것은 우리가 늘 하는 통제되지 않는 충동을 부추기고 있어서 그러하다. 두바이 한가운데 828m의 '부르즈 할리파'는 신(新) 바벨탑으로 불린다.

로완 무어는 "건축은 사람들의 희망과 의도 사이를 왕복하는 매개체다."라고 한다. 건축은 사용하고 체험하는 사람의 감정에 영향을 미친다. 건축이란 그것을 만드는 사고와 행동, 그리고 그 속에 거주하는 사람의 사고와 행동 사이의 물질적 간격이며, 건축 행위는 그 간격을 메우는 일이다. 건축은 인간의 욕망 때문에 시작된다.

건축이라는 욕망

건축은 안전을 바라는 것이든, 위험, 안식처, 정착을 위한 것이든, 만드는 사람의 욕망에서 시작된다. (로완 무어, 『우리가 집을 짓는 10가지 이유』, 계단, 2014, p.32)

건축은 인간의 감정과 욕망을 만들어내고, 다시 또 다른 감정과 욕망을 생성하는 환경이 된다. 건축은 곧 감정과 욕망의 결합체이며, 그렇기에 본질적으로 불완전하다. 그 안과 주변 사람의 삶에 의해서만 완성된다. 때로는 배경이 되기도 한다. 물론 베네치아나 맨해튼, 알프스처럼 도시나 자연도 배경이 된다. 하지만, 이 말이 건축이 표정 없이 뒤로 한 발짝 물러서 있어야 한다는 뜻은 아니다.

신(新) 바벨탑이라 불리는 부르즈 할리파, SOM, 두바이, 2010년

두바이 시내의 고층 건물, 2017년

 욕망과 만들어진 공간은 서로를 변화시키며, 움직이는 것과 고정된 것 사이에서 끊임없이 상호작용한다. 이로 인해 상황은 복잡해지고, 역설이 생기며, 확실해 보이던 것이 모호해진다. 건축물은 유동적인 감정을 다루는 강력한 수단이지만, 의외로 서툰 도구이기도 하다. 특정 욕구와 감정이 건축물을 짓게 만들고, 반대로 그런 감정을 경험하게 만들기도 한다. 욕망은 공간을 만들고, 공간은 다시 욕망을 낳는다. 건축은 인간의 감정과 욕망을 드러내는 동시에, 순수한 이성과 기능에 관한 것이다.

거대 자본의 과시로 만들어진 초고층 건물과 마천루 호텔, 특이한 건축물은 미디어의 관심과 세상의 이목을 끈다. 하지만 그 관심은 오래 가지 않는다. 더 큰 자본이 더 높고, 더 화려하며, 더 호화로운(spectacle) 건축으로 수시로 갱신되면서 이전 것은 소비되어 잊히거나 이슈에서 멀어지고 만다.

권력이나 거대 자본을 위한 기념비적 건축은 우리 일상에 좀처럼 녹아들지 못한다. 그렇지만 이런 건축물도 나름의 가치를 갖기 위해서는 그 지역과 맺고 있는 유무형의 가치가 어떤 형식으로든 녹아들어야 한다. 건축이란 인간의 희망과 욕망, 주어진 땅의 포용력을 번역하는 행위이다. 그러므로 공익적 가치를 담아야 한다.

거주와 사회성

집은 곧 건축이다. 그렇다면 건축의 근원은 인간이다. 짓고 거주하는 것은 결코 사소한 활동이 아니다. 인간의 생명과 삶, 살다와 연결된다. 인간은 살아가기 위해 집이 필요하다. 기능, 예산, 용도, 내구성, 유연성, 편안함까지도 집, 건축에서 표현되는 특성 중 하나로 보아야 한다.

건축은 만들어지고, 거주하며, 보여지는 것이다. 인간의 기본적 욕구를 충족시켜야 하며 결국, 건축은 음식과 공기처럼 인간의 삶을 지속시키고 영위하는 생명체, 보호처이다. 건축, 짓는 것은 인간의 생명과 긴밀하며 거주를 위한 실체로서 인간의 본질을 깊이 담는다.

건축은 인간 삶의 본질을 보여주는 매우 절실한 물리적 장치다. '짓는 것'은 인간 존재를 위해 중요하다. 짓기는 거주하기 위함이며, 사고하기의 시작이다.

짓기와 거주

하이데거의 '짓기, 거주하기, 사고하기'는 사람은 '짓지 않으면' 거주를 사고할 수 없음을 말한 것이다. (브랑코 미트로비치 저, 이충호 역, 『건축을 위한 철학』, 2013, ㈜안그라픽스, p.11)

건축이라는 산물을 아름다운 형상으로만 이해할 때도 있다. 하지만 건축은 그 아름다움만으로 설명할 수 없다. 우리 생활과 깊게 관련된 건축은 왜 그렇게 만들어져야 하는지, 어떤 방법으로 누구에 의해 만들어져야 하는지를 물어야 한다. 건축이 신체의 연장이며 생활에 필요한 필수적인 터전이기 때문에 더욱 그러하다. 바로 그때 비로소 건축은 우리에게 말은 걸고 공동체와 일체가 된다.

오스트리아 건축가 한스 홀라인(Hans Hollein)은 "건축은 인간 자신의 표현이고, 육신이자 영혼이다."라고 한다. 건축은 단순히 집을 짓는 일이 아니다. 건축(architecture)은 '근원을 아는 장인의 기술'이라는 뜻을 담고 있다. 곧 건축은 근원을 아는 철학의 바탕 위에서 생각할 줄 아는 장인이 구사하는 기술이다. 수많은 기술이 통합된 '큰 기술'이다. 건축이란 말은 만들어진 물질의 집합이 아니라,

근원에 근거하여 생각해 '만드는 방법'에 관한 정신적인 활동이다.

    건축은 인간의 마음을 기술로 번역하는 행위이다. 번역이란 주어진 텍스트를 다른 언어로 바꾸는 일이다. 본래 기술은 효율을 위한 것이지만 건축은 기술을 통해 인간이 근본적으로 바라는 바를 구체화해 주며, 기술로 사람의 마음을 묶고 장소로 연결해 준다.

    건축이란 인간이 구성하여 조직해 놓은 그 사회의 수준이나 상황 속에서 생성된다. 사람의 마음은 장소와 공간에 대해서 무언가 분명하게 공동으로 이해하는 힘을 가진다. 건축은 시대의 사회상을 반영한다. 건축물을 보면 당시의 사회상을 엿볼 수 있다. 사회와 건축은 서로 영향을 주고받는다.

    건축은 사회 속에서 생성되지만, 반드시 필요와 목적이 있어야 하고 또 건축주가 있어야 성립된다. 건축물이 어떤 위치에 지어지면 건축주의 것이지만 그 부근을 지나는 수많은 불특정 다수가 관여한다. 그 건축물을 보고 지나갈 수도 있고 나름대로 한마디씩 '좋다', '아름답다', '추하다'와 같은 말을 한다. 또 그렇게 느끼게 될 것이므로 신성불가침적 소유의 의미는 희석된다. 이것이 건축이 갖는 사회성이다.

    건축은 사회성을 띤다. 인간이 구성해 놓은 사회 속에서 인간과 사회와 무관한 것이 아니다. 인간 생활의 기본단위인 집과 이것을 전부 포괄하는 사회는 불가분의 관계일 뿐만 아니라, 인간에 관한 모든 것을 내포한다. 즉, 건축은 인간 사회를 이루는 구성체이며 관계이다.

국가의 상징과 위상

시간은 유한하다. 인간의 수명은 길어야 백 년 정도에 불과하지만, 건축물은 천 년 이상 살아남는다. 그것을 만든 인간보다 오래 존속한다. 건축은 사라진 인간보다 더 오랫동안 남아 있으며 시간을 거스른다. 수없이 많은 세월 동안 서 있으며 사람의 역사와 함께 기록되고 기억된다. 덕분에 현재와 미래 세대가 시간 속에서 공존할 수 있게 만든다.

지금까지 남아 있는 고대 유적들은 과거의 유산이다. 폐허가 되어서도 여전히 서구 건축의 원점으로 우뚝 서 있는 그리스 아크로폴리스 언덕의 파르테논 신전, 신의 영광이라 말하는 밀라노 대성당, 극적인 빛의 공간인 판테온, 포로 로마노와 콜로세움 등이 그것

판테온, 로마, 서기 125년

위: 포로 로마노, 로마 / 아래: 콜로세움, 로마

이다. 포로 로마노와 같은 유적은 오랜 세월이 지났음에도 여전히 우리에게 말을 건네며, 호기심과 상상력을 자극한다. 이천 년 전 유럽 대륙을 지배한 로마제국의 영광과 추억, 좌절을 말해주는 듯하다.

건축은 문화적으로 중요한 상품이다. 때때로 건축물은 한 장소를 부각해 줄 뿐만 아니라 국가의 상징물이 되기도 한다. 동시에 상징적 홍보물로 활용될 뿐 아니라 국가의 위상을 높이는 역할도 한다. 에펠탑이나 성가족성당, 시드니 오페라 하우스, 만리장성, 경복궁 등을 보면 알 수 있다. 이들은 모두 물리적인 상징물로서 강력한 의미를 지닌다.

에펠탑은 설계자 에펠이 호언한 대로 예정된 공기 안에 한 사람의 인명 사고 없이 완공되었다. 만국박람회 기간 7개월 동안 650만 프랑의 수익을 내어 가뿐히 투자금을 회수했다. 비난하던 그 많은 지식인들도 모파상 같은 몇몇을 제외하고는 모두 찬미자로 돌아섰고 임시 구조물이었던 이 탑은 지금은 파리 관광 수입의 최대 공헌자이자 프랑스의 아이콘이 됐다. '아름다운 철의 여인'이라 불리는 에펠탑에는 매년 약 600만 명의 관광객이 오른다. 에펠탑의 가치는 오늘날에도 여전하다.

스페인 건축가 가우디의 건축은 빌바오 효과(bilbao effect) 훨씬 이전부터 바르셀로나에 개성을 부여했다. 바르셀로나는 도시 자체가 성가족성당을 위해 존재하는 듯하다. 도시의 상징물인 성당은

오페라 하우스, 요른 웃존, 시드니, 1973년

짓고 있는 중에도 하루에 수만 명의 관광객을 불러 모은다. 가우디가 설계한 구엘 공원과 주택은 유네스코 문화유산으로 등록되어 있어 높은 가치를 인정받는다.

고대의 위대한 건축 유적을 가진 그리스, 이탈리아, 이집트 같은 나라 국민들은 자기 조상들이 구축한 건조물에 대한 자존심과 긍지가 대단하다. 건축이 지닌 사회성의 한 부분으로 고대 건축물은 국가의 자랑이나 명예가 된다. 그들은 건축 유적을 아끼고 보존하고 복원하면서 관광자원으로 충분히 활용한다.

바티칸 박물관은 역대 교황들의 소장품을 소장해 '교황들의 보고'라고 불린다. 총 24개의 미술관을 가득 채우고도 모자랄 만큼 방대한 양의 미술품을 소장하고 있는 세계 최대 박물관 중 하나

바티칸 박물관, 로마, 16세기

다. 교황 율리우스 2세는 바티칸을 세계를 아우르는 권위의 중심으로 만들기 위해, 화가, 조각가 등 수많은 예술가를 로마로 불러들였다. 미켈란젤로, 라파엘로 같은 당대 최고의 작가가 궁전의 건축과 장식을 맡았다. 박물관에는 라파엘로의 '아테네 학당', 미켈란젤로의 '최후의 심판'과 '천지창조'가 전시되어 있다.

2023년 5월에 본 바티칸 박물관에 대한 기억은 끔찍하다. 수많은 사람으로 인해 제대로 예술품을 볼 수 없었고, 입장 자체도 어려웠다. 박물관에 들어가기 위해 기본적으로 한 시간 이상 기다려야 했고, 박물관 내부를 볼 때는 인파로 인해 제대로 걸을 수도 없을 정도였다. 연결된 고리처럼 관람 군중에 떠밀려 물 흐르듯 이동했고, 그림이나 조각을 거의 감상할 수 없었다. 건축물과 예술품이 어떤 가치가 있기에 그 많은 사람이 군집할 수 있을까? 건축과 예술품의 가치를 가늠하기 어려웠으며 이런 현상에 대한 의문이 몰려왔다. 아마 우리에겐 이런 건축물이 없지 않을까?

영화 글래디에이터의 배경인 콜로세움은 고대 로마의 원형경기장이었다. 피비린내 나는 전투 경기가 펼쳐진 곳이었다. 공공 오락 시설물인 콜로세움은 약 5만 명을 수용할 수 있었으며, 검투사 결투와 동물 사냥이 이루어지거나 고전극 상연 무대로 활용되었다. 오늘날의 콜로세움은 원래의 3분의 1 정도만 남아 뼈대만 앙상한 모습이다. 그렇게 된 이유 중 하나는 로마 귀족이 기둥과 장식을 떼어 자신의 궁전을 지었기 때문이다. 이런 안타까운 역사는 그만큼 문화유산 보존의 중요성을 일깨워 준다.

전쟁포로로 끌려온 유대인이 만들었고, 죄수에겐 잔인한 사형장이었던 콜로세움은 1999년부터 사형제도 폐지를 외치는 국제적인 캠페인의 상징물로 새롭게 활용되고 있다. 이렇게 수천 년 동안 죽음의 공간이었던 콜로세움은 인간 생명을 존중하는 건축물로 거듭나고 있다. 건축의 변화와 생존을 증언하며 끈질긴 생명력을 느끼게 한다.

사람이나 건축에 있어서 전쟁은 파괴와 창조라는 측면에서 두 가지 얼굴을 갖는다. 러시아와 우크라이나 전쟁도 예외가 아니다. 언론에 보도에 따르면 러시아는 우크라이나의 문화유산, 박물관을 최소 39곳을 파괴했다. 파괴의 역사에서 굳건히 살아남은 건축물은 생존자임이 분명하다. 건축물은 사람처럼 살아 있는 생명체인 것이다. 수 없는 사라짐의 가능성에 승리하여 최종 남아 있는 건축물은 생명의 강인함을 증명한다. 아픔을 견뎌낸 장소와 건축은 문화적 유산이다.

건축가의 분투와 의지

건축가의 노력과 도전

건축 설계나 시공 분야는 무한 경쟁의 세계다. 경쟁은 갈수록 치열해지고, 업체는 많아지는데 일감은 한정적이다. 건축가 안도 다다오(安藤忠雄)도 사무실을 연 초창기에는 일이 거의 없었다고 한다. 처음 10년은 설계 의뢰가 잘 들어오지 않았고, 겨우 일을 맡게 되더라도 부지가 고양이 이마만큼 좁거나 예산이 빠듯한 일, 남들은 외면하는 좋지 못한 조건의 일을 하면서 안도는 버텼다. 건축을 생업으로 할 수 있을 것인가에 대한 고민 자체가 하나의 도전이었다.

그래서 비어 있는 땅에 미리 설계하고 모형을 만들어 건축주를 찾아다녔다. 그는 건축주에게 설계를 의뢰받지 않았지만, 건축가가 먼저 설계하여 여기에 이런 형태의 건축, 집을 지으면 좋겠다고 설득했다. 이러한 도전 정신이 세계적인 건축가 안도 다다오가 있게 된 요인이라 해도 과언이 아니다. 승부사 기질이 엿보인다.

안도 다다오의 도전정신

매번 다른 조건과 과제가 주어졌기 때문에 건축 과정도 달랐지만, 한 가지 변함없던 것은 모든 과제가 제게는 항상 '도전'이었다는 사실입니다. (안도 다다오, 「청춘」, 뮤지엄산, 2023, p.12)

뮤지엄산, 안도 다다오, 원주, 2001년

세상에 경쟁이 없는 분야는 없다. 건축가 승효상은 "바른 건축을 하기 위해 권력이나 자본이 펴 놓은 넓은 문이 아니라 고통스럽지만 좁은 문으로 들어가야 한다."라고 한다. 건축가의 자세와 마음을 얘기한다. 시류에 영합하는 세속적인 건축가의 길을 걷지 말라는 충고이다. 하지만 승효상 같은 건축가는 많지 않다.

웰컴 시티, 승효상, 서울, 2000년

건축 설계 분야에서는 공모전이 열리면 수백 개의 설계 사무소가 아이디어만을 무기로 치열하게 경쟁한다. 그것은 쉬운 일이 아니다. 온 힘을 쏟아부었어도 지고 나면 허무감만 밀려온다. 그래도 그 아이디어는 반드시 다음 건축에서 기회를 얻게 된다. 그렇게 생각하고 끈질기게 도전을 계속한다면 연패 기록을 깰 수 있다.

설계 분야 공모전은 건축가에게 진검승부의 장이다. 경쟁자의 우수한 작품을 보면 역량 차이를 실감하게 된다. 정답은 하나가 아니지만 우열은 명백하게 가려진다. 현실을 직시하고 패배로부터 또 배우는 것이 중요하다. 그러나 창조력은 그런 불안과 긴장감 속에서만 생겨난다. 도전하지 않으면서 향상을 바랄 수는 없다.

국내 건설시장의 경쟁도 갈수록 치열하다. 이러한 경쟁을 피할 수는 없으며 기업의 신뢰는 반드시 지켜야 한다. 기업의 신뢰 하락은 돈으로 가치를 매길 수 없으며, 이는 곧 상품 가치와 주가 하락으로 이어져 혹독한 대가를 치르게 된다. 인명 피해 등 대형 사고로 이어지지 않은 걸 다행으로 여겨야 한다.

건축 행위는 사람을 키우는 것과 비슷하다. 인간과 마찬가지로 부지에도 성격이 있다. 같은 조건의 땅은 하나도 없다. 일에 대한 선택은 가능하지만, 대지를 선택할 수 있는 자유는 없다. 건축가는 우선 기존 건물이나 거리의 경관으로부터 그 땅의 개성을 정확하게 파악하고, 그 개성을 살려 계획해야 한다. 시공자도 시공 조건을 면밀하게 확인해야 한다.

건축에서 가장 중요하게 생각할 대상은 사람, 즉 사용자와 건축주(의뢰자)이다. 물론 건축 행위에 참여하는 사람도 소중하다. 결국, 건축은 사람들 관계에서 이루어진다. 그러므로 사람이 가장 중요하며, 건축에 참여하는 모든 사람이 귀중한 존재다. 좋은 건축을 위해서는 사람들 사이의 유대와 신뢰가 밑거름되어야 한다. 신뢰는 '결속형 자본(bonding capital)'으로, 건축은 사람과 사람 사이의 노력과 협력으로 만들어진다. 결국 건축이 이루어지는 가장 강력한 매개체는 사람이며, 건축의 핵심이자 결정적 요소도 바로 사람이다.

건축은 신뢰라는 벽돌로 쌓아 올린 결정체다. 사람과 사람 사이의 유대는 서로의 일을 이해하고 신뢰를 쌓아가면서 깊어진다. 사람의 생각은 문자 그대로 바위도 뚫고 산도 움직일 수 있다. 좋은 생각, 같은 목표를 가진 사람들이면 건축으로 인한 고단함, 어려움도 함께 이겨낼 수 있다. 좋은 건축을 위해서는 건축주, 건축가, 시공자 모두가 훌륭해야 하며, 이들이 서로 성실과 신뢰로 일체가 되어야 비로소 좋은 건축이 가능하다.

건축이란 사람이 모여 소통하는 장을 만드는 행위이며 그 자체이다. 건축가에게는 강인한 정신력과 체력, 그리고 높은 집중력이 필요하다. 목적의식이 뚜렷해야 하고 강한 의지도 수반되어야 한다. 건축가는 자유로운 정신과 판단력, 강한 집념으로 좋은 건축을 향해 끊임없이 도전해야 한다. 이것은 선택적 사항이 아니라 건축하는 사람들의 소명이다.

건축에 대한 의지와 태도

건축 분야는 기능, 안전, 미 사이의 정합성을 다루는 학문이다. 건축가는 주어진 예산으로 이 세 요소를 동시에 충족하는 해답을 찾는다. 예산을 비롯한 외부 조건을 이유로 건축 품질을 양보하면 그는 진정한 건축가가 아니다. 더욱이 건축비를 절감하기 위해 안전을 양보하면, 그는 브로커이거나 살인 의사와 가깝다. 변호사, 의사와 더불어 건축가가 3대 고전적 전문 직능에 속하는 것은 윤리가 처음이자 끝이기 때문이다.

건축가 본연의 역할은 시간의 의미를 장소에 담는 공간을 만드는 것이다. 이것을 상기할 때, 건축이 존재하는 의미의 투명성을 보호해줄 줄 아는 건축가의 직업의식이 우리 건축사회에 결여되어 있다. 건축가는 건축물을 만드는 과정에서 사용자의 요구사항뿐만 아니라, 그 시대와 사회를 보아야 한다. 건축가의 행위에는 변호사가 지녀야 할 사회정의나 의사가 갖는 생명에 대한 윤리의식과 맞먹는 공공적 가치와 직업 정신이 담겨 있어야 한다.

루이스 칸(Louis Kahn)은 "건축가는 건축이라는 보물 상자(寶庫)의 일부이다."라고 한다. 그 값진 보물 상자 속에 파르테논이 속하며, 르네상스 시대의 위대한 문화가 속해 있다. 이 모든 것이 건축에 속한 것이며, 이것이 건축을 더욱 풍부하게 만들어 준다. 건축가, 건축물 모두 보물이라는 뜻이다.

건축가의 임무는 좋은 건축을 만드는 것이다. 문제는 좋은 사람을 닮을 수 있는 좋은 건축은 만드는 것이다. 더 나은 사회를 만드는 직업적 능력이 발휘되어야 하며, 건축가에 주어진 사회적 역할에 충실해야 한다. 그래야만 건축의 꽃이 피어날 수 있다.

핀란드의 건축가 알바 알토(Alvar Alto)는 자신의 초상이 지폐에 새겨질 정도로 국민적 영웅으로 대접받는다. 그 이유는 뛰어난 건축을 수없이 낳았을 뿐 아니라, 집성재 가구로 산업을 일으키고 나라를 풍요롭게 한 덕분이다. 그는 나무나 벽돌을 주로 사용했다.

킴벨 미술관, 루이스 칸, 포트워스, 1972년

그것은 철과 콘크리트를 쓰지 않아도 새로운 표현이 가능하다는 사실, 심지어 더 인간적이고 지역적 개성이 드러나는 작품을 만들 수 있다는 사실을 보여주었다. 알토는 자신의 직업을 통해 사회를 변화시키고 풍요롭게 만든 대표적인 인물이다.

건축가는 '땅의 예술'이라 불리는 건축을 하는 사람으로서, 적절한 전략과 전술을 세워야 한다. 선결 과제인 경관과 그 수단인 기술을 통해 건축물이 땅 위에 어떻게 위치해야 하는지를 고민한다. 그리고 건축이 올바른 시간과 장소에서 진정한 자기 모습으로 확정되기 위해, 얼마나 많은 인내와 노력을 들여야 하는지 가늠하기 어렵다.

건축가 임성훈은 "건축이 더 깊은 예술이 되어 관객을 찾으려 한다면… 진실로 건축이 현실을 꿰뚫는 것이 되려면 대중이라는 관객을 얻는 것만이 유일한 방법인지도 모른다."고 했다. 이 말은 건축가가 일반인에게 인정받고 사랑받으려면 본인의 유희를 위해 과시하는 건축이 아니라, 좋은 건축을 하는 것뿐이라는 말처럼 느껴진다. 건축가는 보통의 시민, 대중을 외면하고서는 인정받을 수 없다.

건축가의 사회적 실천과 기여는 지금 이 시대에 더욱 절실하다. 일본의 건축가 이토 도요오(伊東豊雄), 시게로 반(坂茂), 쿠마 겐고, 안도 다다오 등은 지진과 같은 재난 때, 사회적 참여를 통해 건축가의 역할이 무엇인지를 보여준다. 이토 토요가 주축이 된 젊은 건축가 그룹은 쓰나미가 쓸고 간 황량한 터에서 주민을 위한 공동의 쉼터를 지었다. 동일본 지진 때 떠내려온 통나무로 만든 이재민 쉼터,

'모두를 위한 집'을 지어 제공했다. 이 '의뢰받지 않은 건축(un-commissioned architecture)'의 반향은 컸다. 그가 행한 사회적 공적 기여 덕분에 2012년 베니스 비엔날레 황금사자상과 2013년 프리츠커상을 안게 되었다. 그는 사회적 아픔을 지나치지 않았다.

이토 토요의 동일본 대지진

이토 토요는 현대의 건축가나 엔지니어이기를 넘어서는 실천을 지금 보여주고 있다. (중략) 사회에 필요한 일을 스스로 찾아 기꺼이 수입하는 공공적 삶을 길을 실천하고 있는 것이다. (함인선, 『정의와 비용 그리고 도시와 건축』, 마티, 2014, p.118)

MIKIMOTO, TODS, 이토 토요, 2005년

건축가는 다른 사람의 삶과 요구를 다루고, 그들의 다양한 관심사를 구현한다. 따라서 건축가는 모든 건축물에 대하여 전문인의 의무를 갖는다. 건축가는 건축주가 건축물에 투입할 금전 문제, 영수증 처리, 특정한 공간적 요구 등을 잘 처리해야 할 책무에 대해 알아야 한다. 건축가는 감독자로서의 역할, 정직함을 이해해야 한다.

여기서 정직함이란 인간에게 주어진 충분한 가치를 아는 데 필요한 덕목이다. 인간의 가치, 생명의 가치를 인식하는 소질을 말한다. 건축가는 직업적 능력을 갖추고 있어야 한다. 그러나 그 직업적 능력 이전에 인간이 있고 정신이 있다. 건축을 통해 자아를 표현할 수 있고 많은 이들의 삶에 영향을 미칠 수 있다.

건축가가 빛나면 안 된다. 건축이 빛나야 한다. 건축은 건축가의 형태 의지나 작가적 욕구의 배설구가 아니다. 건축가는 '건축 그 자체'가 되어야 한다. 무엇보다 중요한 것은 건축의 배후에 있는 사람의 의지가 얼마나 굳은가이다. 건축에 대한 의지가 어느 정도 단단하냐다.

건축 제도나 정책은 사람이 만들고 집행하는 것이라 건축은 결국 사람의 문제다. 건축가의 소양, 교육이 필요하다. 건축에 대한 사회적 책임, 건축가의 사회적 책임도 요구된다. 건축의 문제는 특정 개인이나 집단의 부도덕과 비양심에 관한 사항으로만 치부할 수 없다. 건축가로서 각성과 자성이 따라와야 한다. 사람을 살리는 건축, 사람에 이로운 건축만이 좋은 건축이다.

이성과 도덕성 회복

'집'이란 말은 사물을 담는 수용체이자 그곳에 담긴 공간을 의미한다. 그것은 집이 상징이면서 동시에 도구라는 것을 말해준다. 집은 바람과 비를 피하고 음식을 해 먹을 수 있는 공간이다. 이와 함께 부와 힘, 위엄과 안식, 안전과 정착, 희망과 아름다움 같은 가치와 정서를 담고 있는 장소이기도 하다.

우리가 집을 짓고 건축할 때에는 단순히 생활 영역을 확보한다는 의미 이상의 수없이 많은 욕망과 감정이 개입된다. 이러한 욕망과 감정이 집을 짓게 만들고, 집은 다시 그런 감정을 경험하게 한다. 건축물은 이처럼 유동적인 감정을 다루는 강력한 수단으로 작용한다.

건축은 물리적 환경인 동시에 인간의 욕망과 상호작용하는 방식이다. 건축 시공 과정에는 예술적·과학적·윤리적 요소가 모두 개입한다. 그렇다면 건설회사나 건축가는 어떻게 물리적 대상과 인간성 사이에서 보다 행복한 관계를 만들어낼 수 있을까? 그것은 건축하는 사람의 이성과 도덕성이 회복되었을 때 가능하다. 여기에 신뢰가 더해질 때, 비로소 인간을 위한 진정한 공간이 될 수 있다.

건축은 우리 생활과 주변과의 관계, 나아가 생각하는 방식 전반을 변화시킨다. 건축가는 건축을 정신적인 대상으로 의미를 부여하고 작업에 임한다. 이것을 하나의 윤리로 인식한다. 그렇게 지어진 건축이 다시 우리에게 영향을 미치며 변화를 이끈다.

좋은 건축 속에서 살면 좋은 삶이 되고, 나쁜 건축에서는 삶도 고달프다. 좋은 공간에서 살아갈 때 더 공감하고 소통하며, 보다 개방적인 사회 구성원이 되기 마련이다. 이 말이 사실이라면, 건축으로 인간을 조작하는 일도 가능하다. 그래서 절대 권력을 가진 자는 건축을 동원하여 대중의 심리와 행동을 조작하는 일도 서슴지 않았다. 인간을 도구화하는 건축, 또 인간을 도구로 사용하는 건축 행위가 지금도 곳곳에서 보편적으로 일어난다.

건축가가 돈, 건물주나 의뢰자의 요구, 기술과 시공, 각종 제도, 상품성 등으로부터 거리를 유지하는 일은 단순한 이론의 문제가 아니라 실천의 문제다. 이는 건축가 개인의 태도와 정신, 좀 더 엄밀하게 말해 건축가의 정체성에 속한 문제이며, 결국 건축가의 직업의식이 그것을 좌우한다는 뜻이다.

작가 박경리는 『토지』에서 생명체로서 인간도 습성을 가진 동물이라고 말한다. 인간에게는 선악으로 구분 짓고, 도덕이라는 균형을 세우려는 이성이 있으며, 영성에 대한 끝없는 갈망이 있다고 한다. 일반적인 생명체와 달리 인간만이 지닌 것이 바로 도덕과 이성(理性)이다. 그의 말처럼, 건축가는 도덕과 이성을 건축의 바탕으로 삼아야 한다.

이성을 가진 인간

인간에게는 선악으로 구분 짓고 도덕이라는 균형을 정하는 이성이 있으며 영성에 대한 끝없는 갈증이 있다. 그것이 다른 생명들과 다른 점이다. (박경리, 『토지』 20권, 마로니에북스, 2012, p.143)

인간의 욕심이 윤리와 사회 규범을 무너뜨리는 근본적인 요인은 부도덕과 비양심에 있다. 이러한 시대에 건축가는 사회 정의를 실현해야 할 책임이 있다. 건축의 사회적 가치를 높이고, 윤리와 이성을 회복하여 공존을 위한 가치를 만들어내야 한다. 건축가는 공공에 이바지하는 사회인으로서 분명한 직업의식을 가져야 한다.

책임 의식과 사명

'건축은 없다'라는 개념은 단순하게 건축물의 존재 여부만을 의미하는 것이 아니다. 어떤 건축물이 이 땅에 존재할 수가 없다고 판단하게 되는 데는 그만한 이유가 있다. 한 건축물이 탄생하면, 그 안에는 단지 공간만이 아니라 인간의 역사, 설계와 시공에 참여했던 건축가와 노동자의 내력이 함께 담기기 때문이다.

루이스 칸은 "건축물에는 건축이 없다"라는 명언을 남겼다. 이 표현은 하나의 건축물을 만들기 위해 많은 사람과 방대한 작업이 필요하다는 의미이다. 우리는 건축물이 완성되기까지 일어난 전체 행위를 '건축'이라 말한다. 그는 단순히 하나의 건축물만 보고 모든 그것을 판단하지 말기를 바라는 마음에서 이렇게 표현한다. 건축을 만드는 과정에 이미 온갖 건축적 요소가 담겨 있으므로 건축에는 '건축물밖에 없다'라는 뜻이다. 그만큼 건축을 만드는 과정에서 설계자와 시공자, 노동자의 모든 노력과 수고가 녹아 있다는 의미이다.

또 다른 측면에서 '건축이 없다'라는 의미는 건축의 가치 부정과 위상 격하를 의미한다. 지금까지 건축이 사회문제로 대두될 때면 항상 불미스러운 일과 같이 했다. 우리의 건축에 대한 인식 부재와 문화적 후유증의 결과이다. 건설에 중점을 둘 뿐이지 건축에 대한 문화적 관점이 부족했다는 뜻이다. 즉 시대적으로 건설은 있었지만, 진정한 의미의 시대적 건축은 없었다. 이것이 과거뿐 아니라 현재도 여전하다.

건축은 없는 대한민국

건축이 없다는 것은 개인과 공동체가 물리적 환경에 부여할 가치나 삶의 이야기가 없다는 것이다.(중략) 체계화된 지혜와 공동의 규범, 질서가 없다는 것을 의미한다. (이상헌, 『대한민국에 건축은 없다』 효형출판, 2018, p.83)

이럴 때에는 '건축'이라는 의미 자체가 설 자리를 잃기 쉽다. 사회 구조적 모순을 외면하는 행태가 건축계에 만연해 있기 때문이다. 부실 시공이나 건축으로 인한 사건 사고에 대해서도 오히려 건축계에서 무관심하다. 건축은 시대적 위치와 사명을 상실한 것이다. 건축으로 인한 문제점과 부조리, 부실 공사는 사회에 퍼진 병폐와 마찬가지이다. 현재 우리 사회는 '병든 건축'으로 가득하다.

솔크 연구소, 루이스 칸, 캘리포니아, 1965년

시인 이성복의 시 「그날」에 나오는 구절처럼, 우리는 모두 병들었는데 아무도 아프다고 느끼지 않는다. "그날 몇 건의 교통사고로 몇 사람이 죽었고 / 그날 시내 술집과 여관은 여전히 붐볐지만 / 아무도 그날의 신음 소리를 듣지 못했다 / 모두 병들었는데 아무도 아프지 않았다"라는 시구가 가슴에 와닿는다. 타인의 슬픔에 대한 무관심과 망각이 무섭다. '남의 일은 사흘이면 잊어버린다.'는 말처럼, 우리는 쉽게 잊고 무심해진다. 대중 망각을 지적한 예리한 우리말이다.

우리 사회의 건축 문제는 상실감과 모멸감을 불러온다. 이런 문제는 '후진' 사회에서나 볼 수 있는 것으로 여겨져 왔지만, 지금 우리 현실에서 반복되고 있다. 부실시공과 부조리는 건축하는 사람의 권리 포기이며 직무 유기의 한 단면이다. 그 피해는 시민들에게 돌아가며, 때로는 회사가 소멸할 수도 있다. 한때 굴지의 건설사였던 동아건설을 기억하면 된다. 건축하는 사람은 각종 사건 사고에 대한 책임 의식을 느껴야 한다.

건축은 주변 환경의 질서를 세우는 중요한 도구이다. 그것은 역사의 형식적인 표현이며, 인간의 의지와 정신의 결과물이다. 그러므로 지금 당장 우리가 해야 할 일은, 부실 공사와 건축으로 인한 사고의 원인을 찾아내고, 책임자에게 책임을 묻는 것이다. 또 이 문제를 잊지 않도록 사회적 기억을 남기고, 제도적·법적으로 대안을 만드는 것이다. 시간은 우리 편이 아님을 잊지 말아야 한다.

건축의 성립 조건

구축과 지적 활동

건축은 일종의 '구축' 행위이다. 자의적인 것을 사용해서 필연적인 형태에 도달하는 그 구축의 과정은 인간이 이룰 수 있는 가장 아름답고 완전한 행위의 전형이다. 집을 짓는 것은 개미나 벌들이 집 짓는 것과 다름이 없다. 그러나 집을 짓는 것을 '구축'이라 해야 하는 것은, 그 안에 정신의 작용이 불가피하게 관여되기 때문이다. 이 정신은 스스로가 만들어내는 노력으로 자라난다.

스위스 건축가 하네스 마이어(Hannes Meyer)는 "짓기는 생물학적 과정이지, 미학적 과정이 아니다. 요소적(elementar)으로 디자인된 새로운 주거는 '살기 위한 기계'일 뿐만 아니라, 육체와 정신의 필요에 부응하는 생물학적 장치다"라고 한다. 그의 말처럼 짓기는 인간의 필요성에 부합하는 생명을 불어넣는 작업이다.

건축가가 설계만 해 놓고 던져 놓아서는 안 된다. 건축물이 완성되기까지, 건축가의 역할을 소홀히 할 수 없으며 지어지는 과정에 동참해야 한다. 시공 단계에서도 결코 소홀해서는 안 된다. 즉 시공에 대한 기술적 조언을 넘어서 설계 의도를 시공자에게 이해시키고 그것이 품질로 실현되도록 조언해야 한다는 뜻이다. 또 그 후에도 건축물의 생명에 대해서도 고민해야 한다. 여기에 건축가의 공공에 대한 책임 의식이 더해져야 한다.

건축물이 '지어진다'는 사실을 결코 잊으면 안 된다. 건축물은 시간과 물질을 요구한다. 땅에서 얻은 재료를 자르고, 다듬고, 엮고, 녹이며, 전기를 넣어 날씨와 햇빛에 견딜 수 있도록 만드는 과정이 모두 필요하다. 연결된 설비를 통해 물이 동맥처럼 살아 움직여야 살기에 적합한 곳이 된다. 실용성과 내구성이 가미되어야 비로소 온전한 건축이 된다. 재료는 나름의 특성과 한계, 아름다움이 있다. 그것을 짜맞추는 디테일의 정교함이 요구되며 힘과 기술, 노동이 들어간다.

건축은 협업과 경쟁을 통해 만들어진다. 고객이 의뢰하고 은행은 돈을 댄다. 건축가와 공학자는 설계하고 도급업자와 하도급업자는 짓는다. 중개인은 판매하고, 법률가는 계약서를 쓰고 배관공은 파이프를 설치한다. 비평가는 평론을 쓴다. 건축은 다른 창작물과 달리, 땅을 파는 노동자로부터 청구서를 계산하는 금융가에 이르기까지, 다양한 폭의 경제적 능력, 관심, 편의를 지닌 사람이 관여한다. 그들 모두가 서로를 신뢰하거나 이해할 것 같지는 않다. 하지만 그들은 함께 무언가 만들어야 한다. 건축은 어느 정도는 다른 언어를 말하면서도 공통의 목표를 향해 참여하는 모두의 바벨탑이다.

구약성서에 의하면 고대 바빌로니아 시대의 인류는 '한 가지 언어, 한 가지 말'을 구사했다고 한다. 언어학자들은 고고학자, 고생물학자, 유전학자들의 도움을 얻어 인류가 존재하기 시작한 지 수십년 이내의 가장 최초의 것으로, 바빌로니아(Babylonian)인들이 주장한 말의 원형(原型: proto-world)을 150~200 단어로 재구성하는데 성공했다. 그러나 선조들은 만족하지 못했다.

바벨탑의 탄생과 인간의 욕망

선조들은 하늘에 닿고자 하는 욕망으로 탑으로 된 하나의 도시를 건설하고자 하는 원대한 야망을 갖게 되었고, (중략) 그리고 탑은 무너지고 말았다. (마리오 살바도리, 마티스 레비 저, 손기상 역, 『건축물은 어떻게 해서 무너지는가』, 기문당, 1998, p.11)

바벨탑은 신에 대한 오만의 상징이자 탐욕스러운 건축의 전형이다. 하늘에 닿고 싶던 인간의 욕망을 상징한다. 모든 건축물에는 두 가지 욕망 또는 탐욕이 융합되어 있다. 건축주와 건축가 욕망이 그것이다. 그러나 결국 모든 건축물의 운명은 인간적인 욕망에서 벗어남으로써 그 본질적 속성이 구현된다. 그 안에 살고 느끼게 될 사람을 먼저 생각해야 한다. 인간 중심의 건축이 필요하다.

마리오 보타(Mario Botta)는 "모든 창의적 성취는 지적인 투쟁 과정을 필요로 한다."라고 했다. 건축의 창조적 과정 역시 지적인 활동으로 명확히 이해해야 한다. 건축을 만드는 것이란 '장소를 만드는 행위이다. 지형의 조건과 역사적 기억 등을 담고 있는 장소는 건축에 고유한 의미를 부여한다. 건축은 지금 바로 그 고유한 장소

교보빌딩, 마리오 보타, 서울, 2020년

에서 사람의 기대나 희망을 담아서 만들어진다. 희망의 또 다른 이름이 탐욕이라 해도 건축은 사람의 희망을 대변하며 인간에게 새로운 희망을 준다.

건축의 가치와 성립 조건

건축이 왜 중요한가? 건축의 성립 조건 그 기저에는 '사람'이 있다. 건축의 밑바탕은 바로 사람이다. 건축가는 사람의 생명과 그 존엄에 대해 스스로 진실하고 엄정해야 한다. 타인의 삶에 관한 일이므로 그들을 편안하게 해야 하고 온유하며 성실해야 한다. 건축이 우리 문화 안에서 어떤 위치를 차지하는지는 사람에 따라 다를 수 있다. 건축이 사회 전반의 수준을 반영한다. 진정으로 좋은 건축이 사람들의 삶을 더 나은 방향으로 이끄는 힘을 가진다.

건축계의 노벨상이라 하는 프리츠커상(Pritzker architecture prize)은 인류의 삶에 이바지한 건축가에게 상금 10만 달러와 루이스 설리번이 디자인한 청동 메달을 수여한다. 청동 메달 뒷면에는 'Firmness(견고), Commodity(실용), Delight(기쁨)'이 새겨져 있다. 하얏트 재단이 매년 건축 예술을 통해 재능과 비전, 책임의 뛰어난 결합을 보여주어, 인간과 건축 환경에 중요한 기여를 한 생존 건축가에게 주는 이 상은 특히 저소득층, 소외 계층 주택 설계나 개발에 이바지한 것을 높게 평가한다.

2016년 프리츠커상 수상자 알레한드로 아라베나(Alejandro Aravena)는 저소득층을 효과적으로 수용할 수 있는 주거 단지를 개발하여, 국가적 문제를 창의적으로 해결하고 삶의 질을 높였다. 가난한 사람, 재난의 위기에 처한 사람을 위한 건축물을 효과적으로 설계했고, 에너지 소비 절약과 공공 공간 확장에 이바지했다. 혁신성과 영감을 발휘해 인간의 삶을 증진했다고 평가받는다. 그는 '살기 좋은 도시가 아닌 빈민을 중산층으로 끌어올리기 위한 건축'이 진심으로 인간을 위한 것으로 생각한다.

2023년 프리츠커상 수상자로 영국의 건축가 데이비드 치퍼필드(David Chipperfield)가 선정되었다. 그는 주변 환경에 순응하는 겸손하고 절제된 디자인으로 호평받는다. 서울 용산 아모레퍼시픽 사옥 설계자인 그는 화려하고 과장된 형태를 내세우기보다 절제된 디자인으로 주변 맥락에 순응하는 '명상적 디자인'을 추구한다.

아모레퍼시픽 사옥은 외부에 루버(차광판)를 설치해 에너지 효율을 높이고, 1층 로비 공간을 개방해 주변을 지나는 누구나 쉽게 드나들도록 했다. 이런 디자인으로 "개인과 집단, 사적인 것과 공공적인 것, 일과 휴식이 조화를 이루도록 했으며, 공존과 교감의 기회를 사회에 제공했다."는 평가를 받는다. 그의 소신은 "건축가보다 건축물이 더 중요하다."라는 것이다.

건축은 예술을 통한 재능과 비전, 책임이 결합된 행위다. 사람과

아모레퍼시픽 사옥, 데이비드 치퍼필드, 서울, 2017년

환경에 일관적이고 중요한 기여를 하는 데 본질이 있다. 이러한 건축에 대한 믿음은 굳건해야 하며 소중함을 인식해야 한다. 건축가는 건축의 가치 및 공공성 실현을 통해 건축에 대한 의지를 보여주어야 한다. 이것이 건축가의 사회적 사명이다.

인간의 삶에 기여하는 건축의 내재적 가치는 공공성 확보에 있다. 또 주변 환경을 존중하고 사회적 문제에 대한 해결방안을 제시하거나, 기후변화에 대비하는 개념을 실현하는데, 건축가의 역할이 요구된다. 우리가 짓는 건축물 하나하나에 각기 다른 인간의 바람과 희망이 담겨 있다. 건축은 예술이 되기 위해 성립하는 것이 아니라, 인간 행위의 깊은 의미를 구체화하기 때문에 성립한다. 즉, 건축의 성립은 인간의 '희망'을 만들어내는 것에 달려 있다.

신뢰와 인간 의지

건축은 건축물을 통해 구체화 되는 정신적 질서다. 인간의 운명과 삶에 대한 물리적인 형태이자 표현이며, 인간의 신념이 담긴 정신적 에너지와 힘을 드러내면서 무한 공간 속에 실현되는 과정이다. 기원전부터 오늘날까지 건축의 본질과 의미는 변하지 않았다. '짓는다는 것'은 기본적인 인간 욕구이며, 신성한 구조물을 세우거나 인간 활동의 중심을 나타내는 것에서 처음으로 드러난다. 이것이 도시의 시작이다. 도시는 개개의 건축물이 집적된 방대한 집합체다.

건축은 본래 하나하나의 결정을 쌓아 올리는 과정이다. 건축가는 작품을 구성하는 부분에서부터 전체에 이르기까지 왜 그렇게 되었는지를 설명할 수 있어야 한다. 그렇게 되지 않으면 안 될 근거를 객관적으로 대상화할 수 있는 외적 조건에서 찾아 건축을 완성해 나가야 한다. 수많은 제약과 어려움을 극복해야 의도한 건축물을 실현할 수 있다. 건축은 언제나 한계에 대한 대응이다. 법적·물리적·금전적 한계와 더불어 기능적 요구에 대한 대응 없이는 완성될 수 없다.

하네스 마이어는 "짓기는 삶의 과정들에 대한 신중한 조직화이다. 짓기는 절대 건축적 야망을 실현하기 위한 개인적인 과제가 아니다. 짓기는 조직화에 지나지 않는다. 즉, 사회적·기술적·경제적·심리적인 조직화이다."라고 말한다. 건축은 삶을 조직화하는 것이며 짓기에 필요한 요소를 엮어내는 것이다.

집짓기, 즉 건축이 시작되면 경제와 법규와 관련된 문제가 잇따라 부상한다. 상당히 주관적으로 보이는 건축은 완성이라는 단계까지 전 과정이 쉽지 않다. 건축가는 치밀하게 문맥과 땅의 성질을 해독하고 논리성을 갖고 이성적으로 건축을 만들어야 한다. 수많은 규정과 법규를 검토하고 그에 맞추어 건축물을 조정해야 한다. 현재와 미래의 고객, 투자자, 이용자 등을 만족시킬 수 있어야 한다. 건축가는 이처럼 다양한 요소를 고려해 하나의 건축물을 빚어낸다.

건축은 물리적인 재료와 기술로만 만들어지는 것이 아닌 '정신으로 세우고 쌓는 정신적 집적체'이다. 여러 사람, 이질적인 사람과의 공동 협력이 없으면 건축물은 지어질 수 없다. 건축가가 모든 일을 홀로 감당하지 않는다. 건축가와 함께 일하는 수많은 전문가, 노무자가 참여해 비로소 하나의 건축물이 완성된다.

건축물 창조에는 언제나 상세하게 설계하고 측정하고 나누고 작업할 사람이 필요하다. 건축물은 저절로 만들어지지 않으며, 분명히 그것을 만드는 사람이 존재한다. 건축물을 설계하기 전에 건축가, 건축주, 시공자가 함께 모여야 한다. 또한, 건축물은 사용자에 의해 생성된다. 건축물에 거주하는 방식은 물론 소유인, 임차인, 그 앞을 지나는 사람들까지, 모두의 상상과 체험 속에서 건축물은 만들어진다.

건축은 단지 건축가의 자기주장이나 자기 방법론만을 고집하는 이기적 표현 수단이 아니다. 현실 사회와 기존 도시 공간과의 관계를 도모하면서, 그 출발점이 되는 프로그램까지 깊이 생각하는 것, 이런 측면이 건축과 건축가에게 가장 기대되는 점이다.

미스 반 데어 로에(Mies van der Rohe)는 "건축은 두 개의 벽돌을 정성 들여 함께 쌓을 때 시작된다. 거기서 시작된다."라고 했다. 여기서 '정성 들여'라는 용어는 자신이 하는 바에 주목하고 집중하는 것을 뜻한다. 미스에게 건축은 저절로 하는 짓기 행위가 아니다. 그것은 숙고한 반성적·의식적 행위이다. 건축은 단순히 생산되는 것이 아니라는 의미이다.

건축 시공은 시공자의 고유한 영역에 속하는 행위이다. 건축물을 만들고 세우는 것은 결코 단순하지 않다. 우리 문명을 지탱하는 진보의 차원에서 건축을 본다면, 건축에는 엄청난 기술이 적용되어 있음을 알 수 있다. 우리 삶의 형식을 바꾸는 건축에는, 당시의 기술적 요소와 시공자의 지혜와 땀, 정성이 담겨 있다.

건축 과정은 자본으로 종속되는 도구적 관계로 계약되어 한정된 시간과 예산, 규제, 제약 속에서 더욱 거대한 규모의 복합체를 구축해야 하는 과제이다. 한계를 이겨내고 적정한 해답을 찾아야 한다. 건축은 자본, 시간, 규모, 분업화된 직능의 관계 속에서 만들어진다.

건축은 삶의 터전, 즉 '장소'를 만드는 일이다. 각기 다른 부지에, 같지 않은 장소를 만드는 작업이다. 주변 조건이 다르고 요구되는 건축의 내용도 같지 않기 때문이다. 건축 과정에서 협력하는 상대도 갈등하는 내용도 매번 다르다. 어려운 상황에 부닥쳤을 때, 당연히 새로운 판단과 의사결정이 필요하다. 이러한 것들이 건축적 방식이 갖는 본질적 속성이다.

건축 시공은 직접 일할 시공사의 시스템과 인적 자원의 질에 대한 신뢰에 근거하여 이루어진다. 시공의 질은 사람, 인적 구성원에 달려 있다. 시공 과정은 수공업적(artisan way)인 일이어서 그만큼 미세한 작업의 연속이며 복잡한 과정을 거친다. 많은 절차와 공정이 반복되며 사람의 노력과 노고를 쏟아붓지 않으면 곤란한 작업이다.

건축은 단순한 조형적 의지를 표명하거나, 아름다운 공간만을 만들어내기 위해 존재하는 것이 아니다. 그것은 건축을 만드는 사람, 그 안에 사는 사람, 그 밖으로 지나가는 사람의 마음과 행위 속에 문제와 답이 내포되어 있어서 그렇다.

건축에 참여하는 모든 사람은 '좋은 건축'을 지향해야 한다. 시공 과정에서도 참여한 사람의 신뢰를 바탕으로 좋은 품질을 만들고 다툼이나 불상사가 없어야 한다. 다치거나 죽는 인적 사고가 없어야 한다. 건축주의 입장과 시공사의 어려움을 서로 이해하고, 각종 제약과 민원을 극복해야 좋은 건축을 만들 수 있다. 모두가 궁극적으로 지향하는 것과 우리가 하는 건축 행위 속에서 암묵적으로 추구하는 것은 '좋은 건축'이다. 건축 행위의 가치와 정당성은 여기에 있으며, 좋은 건축은 언제나 인간을 위한 것이다.

에펠탑의 성공과 지혜

에펠탑은 파리를 상징한다. 에펠탑 이야기가 반복되는 이유는 우리에게 주는 메시지가 놀랍기 때문이다. 정대인의 『논란의 건축 낭만의 건축』을 보면, 에펠탑 시공 현장에선 최고로 숙련된 노동자로만 이루어져 사망자가 단 한 명뿐이었다. 비슷한 시기에 뉴욕의 브루클린 다리를 건설할 때는 20명이 사망했고, 스코틀랜드의 포스 브리지는 57명의 목숨을 앗아간 점으로 보아, 이것은 당시에 매우 획기적인 일이었다. 심지어 공사 중에는 한 건의 사망 사건도 발생하지 않았다.

구스타프 에펠(Gustave Eiffel)은 공학 전문가이자 사업가, 연구자였다. 에펠탑을 세우면서 그가 결정해 실행에 옮긴 사실을 보면 일반인보다 훨씬 더 앞서가는 사람이었음이 분명하다. 기획, 계획, 시공, 재정, 인적 관리 등 모든 면에서 능력을 발휘한 인물이다. 결과적으로 에펠은 부족한 예산과 악의적인 비난을 극복하여 자신의 욕망과 이상, 꿈, 사회적 요구를 실현한 건축가로서 시대를 앞서간 천재였다.

프랑스 화폐에 등장할 만하다. 건축 시공에서는 인간적이고 쾌적하고 좋은 노동 환경을 제공했을 때 효율적인 노동력이 창출된다. 에펠은 최대 250명의 최정예 현장 인부만을 고용해 임금을 후하게 주었다. 작업 환경을 개선하여 편의성을 제공했고, 고임금을 지급하여 동기를 부여했으며, 참여자의 사기를 높여 팀워크를 조성했다. 에펠탑 완성을 통해 그는 사회적·인간적 약속을 지켰다. 그의 생각과 전술이 성공했음을 스스로 증명했다.

에펠의 노력과 아이디어
이 임시 매점은 인부들이 최적의 환경에서 최고의 기량을 발휘할 수 있도록 힘쓴 에펠의 배려를 잘 보여준다. (정대인, 『논란의 건축 낭만의 건축』, ㈜문학동네, 2015, p.103)

에펠탑, 구스타프 에펠, 파리, 1891년

에펠탑은 원래 파리를 대표하기 위해 세워진 것이 아니었다. 만국박람회라는 특별한 이벤트를 위해 만들어져 30년 후에 철거하기로 계획된 임시 건축물에 지나지 않았다. 그러한 에펠탑이 오늘날 파리를 대표하는 건축물이 될 수 있었던 것은, 파리라는 도시가 상징하는 예술적·기술적·경제적·사회적 특징이 에펠탑이라는 상징물 아래 집약되었기 때문이다. 이것이 에펠탑이 가지는 진정한 가치이다.

에펠탑 시공을 위해 총 5,500개의 도안이 작성되었으며, 모든 개별 부위와 연결 부위가 상세히 그림으로 그려졌다. 250만 개에 이르는 리벳 구멍 위치와 크기, 내구성까지 고려되어 규격 생산이 가능했고, 덕분에 쉽게 조립할 수 있었다. 공사 작업에서의 정확도도 매우 높았으며, 57m 높이에 이르러서야 리벳 구멍 하나가 처음으로 달라졌을 정도였다. 이 정도로 기술적인 정확도와 과학적 정밀성은 매우 높았다.

한편, 에펠탑은 무용성 논란에 휩쓸렸다. 그것은 에펠에게도 숙제였다. 그는 에펠탑을 활용하여 기상 관측, 원료 실험 연구, 전파 전기 연구가 가능하다고 주장했다. 실제로 자신이 직접 탑에서 공기 역학 연구를 진행하거나 탑의 여러 높이에서 낙하하는 공기의 저항이 어떻게 달라지는지 계산하기도 했다.

파리의 에펠탑은 석조건축 도시에서 철과 유리라는 다가올 시대와 새로운 기술의 상징이 되었다. 그러나 완성 이후에는 도시의 풍경에 동화되기까지 오랜 시간 흉물로 취급당하거나, 사회적인 혹평을 감내해야 했다. '철제사다리로 만든 비쩍 마른 피라미드'라는 악

평에 시달리기도 했지만, 완성 후 '엔지니어링 기술의 놀라운 작품'으로 칭송받았다.

중국의 건축사학자 샤오모(蕭默)는 에펠탑을 "건축 예술이 시대에 따라 전진해야 함을 증명했다."고 한다. 토머스 에디슨(Thomas Alva Edison)은 에펠탑에 오른 뒤 방명록에 "현대 건축사의 신기원을 연 위대한 건축가 에펠 씨에게 최고의 존경을 보낸다."라고 기록했다. 화가 로베르 드로네(Robert Delaunay)는 에펠탑을 그림의 가장 중요한 주제로 삼았으며 '예술의 기준'이라 명명했다. 오늘날에도 에펠탑은 트로카데로 광장에 당당하게 서서 손님을 반갑게 맞이하고 있다.

건축의 실상과 위험사회

건축의 성숙
가을

　무더운 여름이 꼬리를 감추면 시원한 가을이 찾아온다. 가을은 찬란하고 풍요로운 결실의 계절이다. 건축도 열매를 맺어야 한다. 가을이 되면 녹색의 자연은 갈색으로 변화한다. 자연이 변화하듯이 건축의 모습도 달라진다. 더위와 비로 인해 주춤했던 건축이 본격적으로 추진되어야 한다. 건축의 시간을 지체할 수 없고, 쉼 없이 달려야 한다. 건축의 완성을 늦출 수 없다. 여름의 부진을 만회해야 한다. 그래야만 추운 겨울이 되기 전에 성과를 얻을 수 있다. 가을은 봄과 함께 건축하기 가장 좋은 계절이다. 아쉬운 가을이 가면 겨울이 다가온다.

건축의 실상

집 짓기의 현실과 수준

우리나라는 세계에서 가장 빈번한 건축 행위가 일어나는 곳이다. 하지만 건축 수준과 시공의 질은 주변국 언저리에 머물러 있다. 대형 건축물 설계는 주로 외국 건축가에게 맡겨지는 게 현실이며, 건축 현장은 비즈니스와 돈벌이 수단으로 전락한 지 오래다. 건축은 문화로 평가되지 않으며, 집은 부동산으로서 자산적 가치가 우선한다. 아파트 분양 시 엄청난 경쟁률을 자랑하는 것도 이를 보여주는 예이다.

달리 말하면 우리나라는 전 세계적으로 가장 많은 건축 현장이 있는 시장이다. 사회의 경제 규모가 커지고 경제 활동량이 증가할수록 건축 생산 활동도 활발해진다. 이는 사회가 보유하는 총건축물 재고량 증가로 이어진다. 건축물 재고량 증가는 다시 건축물 노후화에 따른 교체 수요 증대로 연결된다.

박인석 전 교수에 의하면 매년 신축되는 건축물은 20만 동이 넘는다. 사실 삶의 주변이 온통 공사장이라고 해도 지나치지 않다. 생활 주변 곳곳에 타워 크레인이 서 있고 공사 소음에 이미 자연스럽게 친숙해져 있다. 이러한 우리의 도시는 건설 현장 찾기가 쉽지 않은 서구의 도시와 확연히 비교된다.

건축 생산 수요

건축물의 수명을 50년이라 한다면 매년 총재고량의 50분의 1, 즉 2%가 노후화로 수명을 다한다. 이에 대한 교체 수요로 그만큼의 건축 생산이 필요해진다는 이야기이다. (박인석, 『건축이 바꾼다』 마티, 2017, p.32)

도시와 건축의 사용 가치보다 교환 가치를 앞세우는 것이 부동산과 개발의 논리이다. 건축의 예술적 가치에 앞서 상품으로서의 매력을 더 중시하는 풍조에 문화적 품격은 없다. 건축 시공에서 사람의 안전보다 이익을 앞세우고, 돈벌이가 안전보다 우선한다. 우리 사회에서 건축은 때로 사람에게 해를 끼치는 도구가 되고 말았다. 인간 존중의 정신은 찾아볼 수 없으며, 이는 부인할 수 없는 건축적 실상이다.

흔히 집을 짓다 보면 수명이 10년은 단축된다고 한다. 나쁜 업자를 만나면 공사를 차일피일 미루게 되고, 약속은 지켜지지 않으며, 품질은 엉망이 되어 속이 타서 수명이 단축된다는 의미이다. 문제는 약속대로 공사를 해 주는 좋은 시공자를 만나기 힘들다는 것이다. 약속을 지키고 거짓말하기 싫어하는 사람은 자의든 타의든 벌써 공사판을 떠났다. 좋은 시공자를 찾기란 쉽지 않은 현실이다.

약속은 빈말이 되고 거짓말은 핑계가 된다. 그러니 집을 짓는 사람은 거짓말하는 나쁜 업자를 만날 가능성이 크고, 따라서 건축주는 수명 단축을 감수해야 한다. 양심도 기술력도 없는 나쁜 사람을 만나서 고생만 한다는 한숨 섞인 자조적 이야기의 주인공이 바로 내가 될 수도 있다. 좋은 시공자를 만날 확률은 3%가 채 되지 않는다고 확신한다. 참으로 서글픈 현실이 아닐 수 없다.

건축은 시대의 거울이다. 우리의 건축 현상을 보면 사회적 상황을 닮았다. 거울 속에 비치는 집짓기 문화와 건축 행태는 과연 '문화'라 부를 수 있는가? 건축은 단순히 물질적 소산이 아니라, 많은 이의 정신과 노력, 사고와 행동의 결정체이다. 시간과 자본을 투입하고 이익을 챙기는 것은 당연하다. 건축은 사업이고 엄연한 현실이다. 하지만 비즈니스적인 가치만 앞세워 이윤추구에 몰두하고, 품질과 약속을 저버리는 행위는 결국 다시 만날 수 없는 사이가 된다. 이런 행위는 사기나 범죄에 가까운 일이다.

건축 품질이 나쁘고 사용자를 불편하게 만드는 나쁜 건축은 천박한 자본주의의 추한 모습을 비춘다. 나쁜 건축을 지양해야 한다. 나쁜 건축은 우리가 기대한 약속과 믿음을 전부 파기하는 '역(逆)건축' 또는 '반(反) 건축'이다. 그것은 경제적 가치와 논리, 돈 벌기만을 우선시하는 악의적인 행태로서 비인간적 환경을 만들고, 인간의 존엄성을 깡그리 무시한 결과이다.

이종수 교수의 또 다른 집짓기 경험과 일본, 미국의 집짓기 비교는 우리 현실을 적나라하게 드러낸다. '집 짓다 속 썩어 죽는다'는 속설은 인정하고 싶지 않지만, 정확히 일치한다. 우리의 대충 집짓기는 심각한 수준이다. 일본은 공사 기간에 집주인이 현장에 가볼 필요가 없을 정도로 시공자는 투명하게 관리하며, 미국은 모든 사항을 계약으로 명시해서, 집 한 채를 위한 계약서가 책 한 권쯤 되고, 평생 사후 관리까지 책임진다니 놀랍기 그지없다. 그에 비해 우리는 아까운 돈만 들이고 사람은 스트레스받아 피폐해지고 절망한다. 누구의 잘못일까?

일본의 건설 기술은 국제적으로 인정받는다. 이토 토요는 자국의 건축 기술력을 인정하며, "일본의 종합건설회사는 수준 높은 시공 기술력을 갖추고 있으므로 일본의 건축가는 매우 아름답고 추상적인 건축을 실현할 수 있다."라고 자랑한다. 일본의 건축 기술이 건축가 작품에 대한 국제적인 평가를 높게 만든다.

건축, 즉 집 짓기는 타인의 자금으로 진행되는, 그 사람에게는 평생 한 번뿐일지도 모르는 중대한 의식이자 모험이다. 그러므로 집을 짓는 사람은 그에 걸맞은 각오와 책임이 뒤따라야 한다. 집을 짓는 것에 대해 성실하게 헌신하는 것이 건축가의 진실한 태도이다. 건축 행위는 자신의 욕망과 돈벌이를 실현하는 단순한 도구가 될 수 없다. 건축 행위의 가치와 정당성은 '좋은 건축', 즉 인간을 위한 건축에 두어야 한다. 당신이 건축하는 이유는 무엇이며, 무엇을 위해 건축을 하는가?

희망 탐욕의 증거

삶의 배경인 건축은 사람과 무관하지 않다. 잘못된 건축, 나쁜 건축, 부실시공은 고통과 좌절을 불러일으키며, 결국 인간에게 상처를 남긴다. 어떠한 목적을 위해서도 인간성을 희생시키고 감행한 처사는 결코 사람을 위한 것이 될 수 없다. 이런 처사는 어느 집단이나 개인의 야욕을 채우는 방편에 지나지 않는다. 부실 공사의 역사는 로마 시대까지 거슬러 올라간다.

로마의 정치가들은 자신의 부를 과시하는 데서 생의 즐거움을 느껴, 산을 깎거나 바다의 경계를 넘어 건물을 지었다. 필요한 돈은 세금과 공물의 형태로 정복 지역으로부터 흘러온 것이며, 이 시대의 주거 건축물은 돈벌이가 되는 투기 대상이었다. 크라수스 같은 임대업자는 붕괴 위험이 커 허물어질 듯한 집을 지어 부를 쌓았다.

로마 시대의 부실시공
화재가 발생하지 않더라도 정역학적 결함이 잘못된 시공 등의 부실공사로 인해 집들은 항상 붕괴의 위험을 안고 있었다. (우스울라 무쉘러 저, 김수은 역, 『건축사의 진짜 이야기』, 도서출판 열대림, 2019, p.84, p.89)

부실 건축과 부실시공의 문제는 우리 사회의 커다란 난제이다. 사회와 개인에게 심각한 해악을 끼친다. 부실시공 사례는 주변 곳곳에서 찾아볼 수 있으며, 언론 보도를 통해서 그 심각성을 확인할 수 있다. 이는 우리 사회 구조 깊이 뿌리내린 문제로, 국가적인 거시적 문제로 매우 절망적인 일이다. 지금, 우리는 곳곳에서 희망의 상실에 직면하고 있다.

더 나쁜 점은 부실시공이 일상적으로 재발한다는 점이다. 이는 건축하는 사람의 의식 부족과 잘못된 사고, 과도한 욕심, 이기심, 비양심에서 비롯된다. 포괄적인 건축의 문제로서 그 책임은 건축에 관계된 사람에게 있다. 건축의 사회적 역할을 묻지 않을 수 없고 우리 사회에서 진정한 건축, 좋은 건축은 없는가 되묻고 싶다.

부실 공사는 건축을 통해 돈만 벌겠다는 '희망의 탐욕(Rapacity of hope)'을 보여주는 증표이다. 경제적 논리 양상을 중시하고 문화적, 인간적 측면을 무시한 결과이다. 이윤만 앞세우는 철벽같은 논리이다. 부실시공에 대한 반성은 일시적이며 단편적일 뿐이며, 이것이 더 나쁘다. 사회적 관심이 잦아들면 부실의 기억은 쉽게 잊히고, 또 다른 사악한 습관이 재차 일어난다. 이는 심각한 사회적 모순이자 병폐이다.

건축은 자본에 관계된 일이다. 그렇다고 해도 천민 자본이 득세하는 건축 업계에는 허황된 욕망과 이기심, 대충, 저질만 만연하여 건전한 건축 문화는 찾아보기 힘들다. 부정과 부패, 누수와 하자 같은 부실시공의 가십으로 가득하다. 이 의견에 동의하지 않는 이가 있는가. 그렇지 않다고 당당히 이야기할 수 있는 건축가, 시공자가 있다면 더없이 기쁘겠다.

우리 사회의 근대화 과정에서 건축 분야는 도박장처럼 되었다.

건축주의 직접 시공이 가능하게 되면서, 수많은 무면허 건설업체, 속칭 '집 장사'가 등장하여 익명의 불법 부실 건축을 양산했다. 이 과정에서 철근을 빼먹는 것이 일상적인 일이 되었고, 건축주도 돈 때문에 눈감고 부실 건축의 공범이 되었다.

도박 사회의 저변에는 물신(物神)이 지배하고 있다. 여기서 물신이란, 돈이 인간의 사용 대상이기를 넘어 숭배의 대상이 된 것을 의미한다. 즉, 인간의 가치 기준에서 최고의 자리를 돈이 차지하게 된 상황을 뜻한다. 도박꾼은 돈이 필요해서가 아니라, 도박의 순간을 즐기기 위해 도박한다. 물신 사회에서는 돈이 필요해서만 벌려는 것이 아니라, 돈이 자존감을 높여 주고 자기 과시의 수단으로 작용한다. 인간성 증명이라 평가되기에 죽도록 기를 쓰고 벌려고 하는 것이다.

이렇게 되면 인간의 소중한 가치, 즉 생명, 인간관계, 사회적 약속, 명예, 윤리, 품격, 정신적 풍요는 중요하지 않고 돈에 종속된 개념으로 치부된다. 당연히 건축의 품질도 돈에 종속될 수밖에 없다. 우리 시대의 부실 공사와 나쁜 건축은 오로지 물신숭배, 즉 돈에 대한 욕심만을 앞세운 비인간적인 산물이다. 부실을 여기저기 감춰 놓고 좋은 건축을 말하는 건 모순이다. 자기 직업에서 엉망으로 살아놓고 즉, 건축적 가치와 인간 존중의 정신을 버려놓고 영혼의 구원을 말할 수는 없다.

철학자 해나 아렌트(Hannah Arendt)의 '악의 평범성(Banality of evil)'이라는 말이 피부에 와닿는다. 부실 건축과 부실 공사, 건축의 문제는 정부가 일일이 개입하기에 너무 어렵다. 하지만 시장에 맡겨두기에는 공공적 이해관계가 복잡하고, 국가가 통제하기에는 역부족인 영역이라 할 수 있다.

우리 사회에서 부실 공사는 피하기 어려운 불편한 진실이다. 하지만 건축은 결국 싸움이다. 부실 공사, 나쁜 건축, 그리고 나쁜 건축가와의 싸움이다. 부실시공은 건축적 기만행위로, 전근대적·후진국적 행태의 나쁜 반복으로서 건축 본질을 상실한 작태이다. 이는 우리 자신에게 가하는 사회적인 폭력이다. 부실 공사는 곧 하자 문제를 유발하고, 부끄러운 자화상이며 우리를 우울하게 만든다.

부실 시공과 하자

우리는 건축 없이 사는 것이 불가능하다. 건축이 없으면 거주할 곳도, 정주할 공간도 없기 때문이다. 그렇다면 이러한 건축을 어떻게 이해해야 할까? 또, '건축 문화'라는 단어로 표현할 때 우리 수준은 어떨까? 우리 사회에서 건축으로 인해 발생하는 다양한 행태 중 하자와 시공 결함을 들여다볼 때, 그것을 '문화'라 할 수 없다. 시공의 질이 우수하지 못한 현실이다.

또한, 단 한 번이라도 건축업자를 통해 집을 지어보거나 리모델링해 보았을 때, 최종 결과물인 품질, 건축과 관계된 사람 특히 시공자에게 만족할 수 있을까? 웃으면서 악수하고 좋은 사이로 끝나는 경우가 얼마나 될까? 다음 기회에 또 같이하자는 건축에 대한 약속이 이루어지는가? 건축으로 연결되고 사람과의 인연이 이어지는가? 약속과 신뢰, 품질에 만족한다면 "집을 지으면 10년은 늙는다."라는 말이 생겨날 수 없다.

부실시공 문제는 건축이 하나의 문화로 자리 잡는 데 큰 방해물이다. 하자나 누수 등으로 인해 건축 분쟁이 자주 발생하고 있다. 하자는 사용자에게 고통과 실망감을 안겨준다. 기쁨과 감사, 행복과 안정을 선물해야 하는데 스트레스와 상실감을 주는 격이다. 이러한 하자는 시공자의 시공 잘못과 오류가 원인이다.

하지만 하자에 대한 책임, 보상 때문에 또 다른 논란이 생겨난다. 이것이 심각한 건축의 문제점이고 어려운 점이다. 건축물의 질적 수준이 높다고 할 수 없고, 우리의 시공 수준은 일본과 비교할 때 뒤처진다. 그 결과 재건축 수명이 30~40년에 지나지 않는다. 생산 과정의 질적 수준 향상이 절실하다.

정형화된 집짓기 방법과 시스템의 부재
일본처럼 단독주택이 오랜 기간 지어져서 노하우가 쌓여있다든지, 시공법이 정형화되었다든지 하는 공감대가 국내에는 거의 없지요. (조남호 외, 『집짓기 바이블』, 2012, 도서출판 마티, p.29)

마리오 보타는 "건축은 지적인 활동으로 이해해야 한다. 모든 창조적 성취는 지적인 투쟁 과정을 필요로 한다."고 말했다. 실제로 시공 과정은 건축 기술과 지식, 경험을 바탕으로 시간과 돈의 문제를 풀어가는 힘든 현실이다. 건축적 아이디어를 실현하는 과정까지 건축가 업무에 포함시키는 스위스의 건축계에서는 시공 과정에서 합리적인 기술과 방식을 고안하는 것이 건축가와의 공유된 숙제이다. 그런데 우리의 현실은 스위스와는 많이 다르다.

우리 현실에서는 시공 과정에서 설계자는 기술적인 부분에 참여하지 않는다. 이는 스위스 건축 현실과 대비된다. 기술적인 것은 모두 시공자 몫이다. 그렇지만 시공 과정에 설계자 참여는 꼭 필요하다. 설계자 역할이 건축 품질에 영향을 미치므로 시공 과정에 긴밀히 동참해야 한다.

건축 하자와 유지관리 문제는 사용자에게 부담이 된다. 넓고 좋은 집을 짓고 사는 사람도 유지관리비 문제에 의외로 민감하게 반응한다. 건축가로서 전문가가 되는데 필요한 시공 지식과 경험 축적은 건설 현장에서 이루어진다. 건축가의 예산 관리와 현장 관리를 통한 사회 내 경제적 참여 역시 필요하다.

누수를 비롯한 부실시공은 건설 현장이나 생활 공간, 주택에서 볼 수 있는 일상적인 현상이다. 집을 지어 본 사람이면 누수의 심각성을 절실히 인식하고 있을 것이다.

역사적으로 해결되지 않는 문제, 누수

가장 중요한 필수 조건의 하나인 건물에 누수가 없어야 한다. 수 세기의 건축 역사에서 한 번도 제대로 해결된 적이 없다. (루스 슬라비드, 김주연, 신혜원 역, 『좋은 건축의 10가지 원칙』, ㈜시공사, 2017, p.55)

삼성미술관 리움, 마리오 보타, 서울, 2004년

건축은 주변 환경의 질서를 확립하기 위한 도구이다. 건축 고유의 의미는 수공업적이고 실질적인 시공 과정에 있다. 진정한 건축 품질은 이러한 실질적인 시공을 통해 드러나며, 시공의 질과 수준에 달려 있다. 수준 높은 시공은 건축 품질을 높이고 하자를 발생시키지 않는다. 따라서 시공자는 시공 지식과 경험 축적으로 일정한 수준을 넘어서는 집을 지어야 한다.

한국토지주택공사(이하 LH)의 무량판 구조 지하 주차장에서 철근이 빠져 입주자의 부실시공 우려가 커졌다. 그 가운데 2018년부터 2022년까지 LH 아파트에서 발생한 하자가 25만 건에 이른다. 5년간 발생한 하자는 건축물이나 배관 문제로 천정이나 벽체 누수 같은 생활에 심각한 지장을 초래하는 '중대 하자'도 포함되어 있다. 하자를 발생시킨 시공사는 현대건설, 한화건설, DL건설 등으로 시공능력평가 상위권에 속한 대기업들로, 이번 사례는 대기업에 대한 신뢰마저 무너뜨린 부끄러운 현실을 드러낸다.

'짓다'의 반대말은 '허물다, 헐다. 헐뜯다' 등이다. 애써 지은 것을 허무는 것은 단순한 철거 이상의 의미를 가진다. 특별한 이유가 있지 않으면 지은 것을 허물 이유가 없다. 하지만 제거해야 하는 예도 있다. 불가피하게 필요 때문에 없애고 다시 짓는 것은 다른 차원의 일이다. 하지만 부실시공이나 하자는 다시 허물어야 한다. 하자는 건축의 실용성을 달성하지 못한 부정적 결과물이다.

하자는 물질적·경제적 피해를 주는 것은 물론, 사용자에게 정신적 고통을 안겨준다. 사회적 손실로서 건축에 대한 혐오를 유발한다. 이는 결국 사회적 비용을 증가시키며, 건축가와 시공자에 대한 신뢰를 무너뜨린다. 하자는 건축의 가치를 훼손하는 나쁜 건축이며, 진정한 건축의 가치는 하자 없는, 질 높은 품질에 있다. 하자는 시공자의 노력과 기술력, 디테일에 의해 지배된다.

디테일과 품질

건축의 진정한 가치는 품질에 있다. 품질은 사용성과 유지관리에 직결되는 요소이므로 타협할 수 있는 성질이 아니다. 좋은 품질은 디테일(detail)의 우수함에 있다. 건축에서 '디테일'은 서로 연관되지만 조금 다른 두 가지를 의미한다. 하나는 단순히 건축물의 작은 부분으로서 문손잡이나 욕실 설비, 장치 등을 말한다. 다른 하나는 건축적인 세부 표현에 관한 것, 즉 상세(도)이다. 두 종류의 외장 패널이 만나는 방식이나 벽과 바닥이 만나는 방법을 뜻한다. 연결되거나 접합하는 부분의 상세, 조합 방식과 구조를 설명하는 것이다.

근대 건축의 개척자라 불리는 독일의 루트비히 미스 반데어로에는 "신은 디테일 안에 있다"고 말했다. 완벽함에 대한 열정을 의미한다. 작은 진실을 외면하고 우리가 구원을 이야기할 수 없다. 건축 본질과 가치, 건축가의 태도와 의무는 디테일이라는 용어에 담겨있다. 건축이 바로 디테일이라는 말처럼 느껴진다. 디테일에 문제가 있다면 품질을 말할 수 없다. 디테일이 건축의 모든 것을 결정한다.

루이스 칸은 건축물을 마치 하나의 유기체처럼 다루었다. 각 기관이 정확하게 작동하듯 그의 건축물에서는 모든 디테일이 유기적으로 기능한다. 특히 빛이 설계 과정에서 중요한 요소로 작용하며, 그의 건축물이 빛의 기능을 잘 보여주고 있다. 구조는 곧 디테일이다. 좋은 구조는 좋은 디테일로 표현된다. 그래서 그는 '디테일은 설계의 꽃'이라 했다.

리처드 로저스(Richard Rogers)는 "위대한 건축이란 라이프스타일과 공간과 디테일이 일체가 되어 작용하고 있는 건축이다."라고 했다. 디테일은 재료와 재료가 공학적인 이유에서 이어지고 구축되어 가는 것을 뜻한다. 따라서 공간과 디테일이 일체가 되는 건축은 재료의 구축이 공간과 하나가 된 것이다.

건축 디테일은 성능과 내구성을 좌우한다. 디테일이 잘못되면 동파, 결로, 곰팡이, 누수, 부패가 발생할 수 있다. 디테일을 무시하면 질적으로 우수하지 못한 결과를 도출한다. 예를 들어, 문의 잠금장치가 잘 맞지 않거나, 사용된 철물이 복제품이거나 불량품인 경우는 심각한 상황에 부닥친다. 최악의 경우는 화재 시 문손잡이가 열리지 않아 생명이 위험에 처한다. 중요한 사실로서 건축에서 작은 디테일도 소홀히 다룰 수 없다.

가우디는 평범한 사람들조차 일사불란하게 일정한 퍼즐 조각으로 분해와 조립이 가능하도록 디테일을 고안하여 처리했다. 합리적인 디테일로 상상력의 공간을 마음껏 조립한 근대 건축의 마지막

장인이었다.

구엘 공원의 디테일
가우디의 건물은 단순하지만 복잡하고, 복잡하지만 단순하게 보이는 것은 누구나가 조작할 수 있는 보편적인 디테일로 구성되어 있기 때문이다. (김희곤, 『스페인은 가우디다』 오브제, 2014, P.183)

구엘 공원, 안토니오 가우디, 바로셀로나, 2000년

건축 문제와 품질은 디테일에 달려 있다. 디테일이 건축의 질을 결정한다. 시공 측면에서 디테일은 생명과 같다. 특히 하자를 줄이기 위한 디테일은 너무나 중요하다. 작은 하자나 부실을 없게 하려면 디테일에 강해야 한다. 결함이나 하자 발생 방지를 위해 정교한 디테일이 요구된다. 재료적인 특성을 파악하여 미세한 부분까지 완벽을 추구해야 한다. 그래야만 하자와 부실을 예방하고, 하자가 없는 건축물은 유지 관리적인 측면에서 우수한 건축이라 할 수 있다.

건축 과정은 표현의 중요한 부분이므로 시공 흔적과 디테일을 은폐하거나 왜곡해서는 안 된다. 건축 품질은 바로 이 디테일에서 차별화된다. 디테일 차이에 의해 하자가 좌우된다. 디테일은 건축 특성이나 장인 정신을 담아내기도 하며 건축의 질과 가치를 결정한다. 즉, 가치와 품질을 유지하는 확실한 방법은 디테일을 진지하게 완성하는 것이다. 조그마한 디테일 차이가 품질과 생명에 영향을 준다. 그래서 디테일이 시공의 전부라 해도 과언이 아니다.

건축의 실패와 반성

광주 화정아파트 붕괴 사고

중력의 법칙은 건축물의 서 있음과 무너짐을 결정한다. 광주에서 공사 중 아파트 외벽이 붕괴하는 사고가 발생했다. 2021년 1월 11일 화정동 현대아이파크 공사 현장에서 아파트 외벽이 무너져 내렸다. 추가 붕괴 우려가 있어 인근 아파트 입주민 109가구가 긴급 대피했다. 상층부 콘크리트 타설 작업 중 붕괴 사고가 일어났다. 이 사고로 공사 인부 6명이 사망했으며 인근에 주차된 차량 20여 대가 파손됐다. 대기업 현장에서 일어난 충격적인 사고였다.

사고 원인은 건축 구조·시공 안전성 측면 등 크게 세 가지이다. 먼저 현장에서 39층 바닥 시공 방법과 지지방식을 애초 설계와 다르게 임의로 변경했다. 39층 바닥을 만들기 위해 콘크리트를 치면서 PIT층에 동바리를 설치하지 않고, 대신 콘크리트 임시 벽을 설치했다. 여기서 PIT층은 38층과 39층 사이에 배관을 설치하기 위한 별도 공간이다.

이에 따라 PIT층 바닥에 작용한 하중이 설계상에서 수치인 $0.84kN/㎡$의 20배 이상인 $24.49kN/㎡$로 늘었고, 하중도 중앙부로 집중되면서 붕괴를 초래했다. 만약 설계대로 PIT층에 동바리(지지기둥)를 설치했으면, 39층 바닥 콘크리트 타설 과정에서 붕괴가 시작되지 않았을지 모른다. 또한 36~39층 3개 층에 있어야 할 동바리가 조기에 철거되어 건물의 연속 붕괴를 유발했다. 한쪽만 무너진 '불균형 붕괴'였다.

건축공사 표준시방서에 따르면, 시공 중인 고층 건물은 적어도 아래 3개 층에 동바리를 설치해 하중을 받아줘야 한다. 하지만 사고 당시 현장에서 동바리는 철거되고 없었다. 비용을 줄이기 위해 지침을 무시한 결과였다. 붕괴된 건축물에서 채취한 콘크리트 시험체 강도를 시험한 결과, 총 17개 층 중 15개 층의 콘크리트 강도가 허용 범위인 기준 강도의 85%에 미달해 불합격 수준이었다. 특히 37층 슬래브와 38층 벽은 기준 강도(24MPa)의 허용 범위인 85%(20.4MPa)에 절반에도 못 미치는 9.9MPa, 9.8MPa로 강성을 가질 수 없었다.

이번 외벽 붕괴 사고 원인으로 콘크리트를 굳히는 양생 작업의 부실 가능성이 높다. 추운 겨울에는 양생 시간이 2배 이상 걸린다. 공기(공사 기간)에 쫓겨 콘크리트가 덜 굳었는데도 건물을 올리면 무너질 가능성이 크다. 시공사 측은 충분한 양생을 거쳤다고 반박하고 있으나, 만약 위험성을 알고도 공사 기간을 맞추려 강행한 것이라면 예정된 인재이다. 엄중한 처벌을 피할 수도 없다.

시공사는 외벽 붕괴 사고가 났던 광주 화정아파트 8개 동을 모두 철거하고 다시 짓기로 했다. 붕괴된 201동만 다시 짓는 방식으로는 입주민의 걱정을 해소하기 어렵다고 보고 내린 결정이다. 이어진 부실시공과 관리 소홀로 대형 건설사가 신뢰의 위기에 빠졌다.

 광주 화정아파트와 같이 공사가 상당 부분 진행된 건설 현장에서 철거 후 전면 재시공은 매우 드문 일이다. 공사 기간이 길어지는 것은 물론이고 천문학적인 비용이 추가로 드는 까닭이다. 광주 화정아파트 철거에서 준공까지 70개월이 추가로 소요될 예정이며, 건축비와 입주 지연에 따른 주민 보상비 등 추가로 투입되는 비용이 3,700억 원 정도라 한다. 한 번의 판단 착오와 과실로 인한 시간과 비용 손실은 엄청나다.

 광주 화정아파트 붕괴 사고 이후 HD산업개발은 이미 체결한 수주계약까지 줄줄이 취소될 정도로 최대 위기를 맞았다. 광주 화정아파트 붕괴 사고는 '어떻게 이런 일이 일어날 수 있는가?' 하는 의문이 든다. 어떻게 했기에 건축 일부가 무너져 사람이 죽을 수 있는가. 이렇게 말도 안 되는 일이 일어나다니, 건축하는 사람으로서 절망적인 심정으로 반문하지 않을 수 없다.

 이 붕괴사건을 두고 건설업게 안팎에서는 '후진국형 참사'라는 주장이 주를 이뤘다. 우리의 경제 규모가 세계 10위라고 해서 선진국이 되는 게 아니다. 시공능력 평가 순위 9위에 이름을 올린 대형 건설회사가 이해하기 힘든 사고를 초래했다. 대규모 건설사 현장에서 벌어진 일이라 믿기지 않으며 안타깝기 그지없다. 건축 시공에서 당연히 지켜야 할 지침, 기본을 준수하지 않았다. 감리의 역할도 찾아볼 수 없다.

어떠한 구조 조직이 유용하다는 것은, 뭔가 어쩔 수 없는 일이 일어나지 않을 정도로 하중을 지지하는 상태를 뜻한다. 그러기 위해서는 구조물에 가해지는 힘과 정확하게 같은 크기로 반대 방향을 향해 밀거나 당기는 힘이 작용해야 한다. 작용과 반작용의 균형을 의미한다. 즉 모든 밀거나 당김은 그에 딱 알맞은 강도로 밀어내거나 당기거나 해야 한다. 그렇지 않으면 구조물은 붕괴하거나 파괴된다.

힘은 어디론가 없어져 버릴 수 있는 성질이 아니다. 구조물 속의 모든 점에서 모든 힘이 그것과 일체가 된 같은 크기이면서 반대 방향으로 작용하는 힘이 반드시 존재해야 한다. 그래야 힘의 균형이 유지된다. 이는 아무리 작고 간단한 것이라도 또 아무리 크고 복잡한 것이라도 모든 구조물은 균형을 이루어야 한다.

힘의 균형

모든 힘이 서로 평형이나 비김상태가 아니라면 그 구조물은 붕괴되거나 아니면 로케트처럼 이륙하여 우주 속으로 날아올라가게 될 것이다.
(에드워드 고든 저, 주경재 역, 『구조의 세계』, 기문당, 1999, p.34)

건축물 붕괴, 부조리 참사는 불완전한 건설 작업에 '중력'이 어떤 재앙적인 결과를 불러오는지 여실히 보여준다. 중력을 무시한 인간의 오만이 원인이다. 구조에 대한 기본 상식이 적용되지 않으면 구조물은 붕괴한다. 구조 검토, 콘크리트 허용 강도, 양생 기간, 거푸집 존치 기간 등 건축의 기본이 지켜져야 한다. 구조물은 마치 사회적 의무를 진 것처럼 무너지지 않으려 최선을 다하고 있음을 인식해야 한다. 건축은 실용성이라는 측면에서 평평한 바닥을 가져야 하고, 구축이라는 측면에서 구조적 합리성과 견고함이 보장되어야 한다.

광주 학동 철거 건물 붕괴 사고

2021년 7월 9일 건축물 철거 중에 어이없는 사고가 발생했다. 광주시 동구 학동 4구역 재개발 공사 현장에서 철거 중인 5층 건물이 무너져, 인근 정류장에 정차 중인 시내버스를 덮쳤다. 9명이 숨지고 8명이 크게 다쳤다. 이 붕괴 사고는 특이하다. 시공 중이 아닌 철거 중에 발생한 사건으로서, 현장 작업자가 피해를 보는 경우가 일반적인데 공사와 관련 없는 사람이 사망하였다. 어이없게도 6차선 도로로 구조물이 무너지며 거리를 지나는 버스 승객이 희생되었다. 참혹한 참사가 일어났다. 우리 주변에 언제나 위험이 존재한다는 사실을 인식하게 만든다.

철거 건물 붕괴와 시내버스 매몰 사고의 원인은 수평 하중을 검토하지 않은 부실 공정 탓이라 한다. 하층부 일부를 부순 건물 뒤쪽에 흙더미(성토체)를 쌓고 굴착기로 철거 작업을 진행했는데, 하층부 바닥에 폐기물 등이 쌓이면서 수평 하중이 앞쪽으로 쏠릴 수밖에 없었다. 철거 중 사진을 보면 사고 원인을 짐작할 수 있다.

해체계획서에는 건축물 구조상 안전 위험성이 높은 측벽부터 철거하도록 되어 있다. 마감재, 지내력 벽체, 슬래브, 작은 보, 큰 보 기둥 순으로 해체하라는 국토부 기준을 철거공사를 맡은 업체는 지키지 않았다. 계획서상에는 3층까지 해체 완료 후 지상으로 장비를 옮겨 1~2층을 해체하는 것으로 되어 있었다.

철거는 무진동 압쇄 공법으로 진행되었으며, 이 공법에는 방진벽과 비산먼지 차단벽이 필요하다. 먼지가 많이 발생해 물을 뿌리는 살수시설이 필수적이다. 업체 측은 사고가 난 9일에 철거를 시작했다고 밝혔지만, 제보된 사진과 영상엔 1일부터 4~5층을 그대로 둔 채, 굴착기가 3층 이하 저층 구조물을 부수는 모습이 포착되었다.

철거 과정의 문제점은 건물 외벽 강도와 무관한 철거 작업이 진행되었고, 하층부 일부 철거 뒤 건물 내부에 성토체를 조성했으며, 수평 하중에 취약한 'ㄷ자 형태'로 철거가 이루어졌다는 점이다. 1층 바닥에 하중이 증가하였고, 지하 보강 조치도 미시행이었다.

현장 관계자는 건물 철거 현장에서 안전 관리 조치를 소홀히 했으며, 철거는 불법 재하도급을 통해 진행하였다. 재개발 사업 시공사인 HD산업개발과 직접 철거공사 계약을 맺은 곳은 서울 소재 HS사이지만 사고가 난 건물 철거는 지역업체인 BS사가 한 것으로 확인됐다. 참사 직전 현장에 있던 굴착기 기사 등 인부 4명은 모두 BS사 소속인 것으로 드러났다.

학동 4구역 재개발 사업 시공사인 HD산업개발은 일반 건축물 철거 작업을 위해 조합 측과 51억 원에 계약을 맺었고, 이를 다시 서울 소재 철거업체인 HS사에 하청을 주었다. 이후 HS사는 다시 광주 지역업체 BS사에 11억 6,300만 원에 계약을 맺고 불법 재하청을 맡겼다. 이는 단순한 하도급을 넘어선, 엄청난 쥐어짜기식 하도급이다.

불법 하도급 계약이 확인되면 건설산업기본법 위반 혐의가 적용된다. 건설산업기본법에는 시공사가 전문업자와 특정 공정에 대해 하도급 계약을 맺으면 해당 전문건설업자는 또 다른 전문건설업자에 하도급을 주지 못하도록 규정하고 있다. 규정이 지켜지지 않은 것이다.

정부와 서울시의 행정처분은 HD산업개발의 생존을 위협하고 있다. 서울시는 광주 학동 건물 철거 현장의 붕괴 사고와 관련해 8개월 영업정지를 내렸다. 광주 화정 아파트 붕괴사건과 관련해서는 등록 말소 또는 영업정지 1년의 행정처분을 사전 통보했다. 안전에 대해 신뢰를 주지 못한다면 어느 기업이든 존망의 갈림길에 설 수 있다는 사실을 보여준다. 그러나 아직 기업이 망했다는 소식이 없다.

광주 학동 철거건물 붕괴 사고의 원인은 철거업체의 무리한 공사 진행 탓이다. 업체는 구청에 제출한 해체계획서에 명시된 대로 공사를 진행하지 않았다. 철거공사에서는 철거계획서의 철저한 이행과 안전 관련 규정 준수, 그리고 철거 공정에 대한 감리의 관리·감독 이행이 철저히 이루어져야 한다. 그러나 이 모든 절차가 제대로 지켜지지지 않아, 철거 작업과 아무 관련이 없는 무고한 일반 시민이 희생된 사건으로 허탈하지 않을 수 없다. 이 사고는 우리 사회가 '위험사회'임을 보여주는 증거다.

상도 유치원 붕괴 사고

2018년 9월 6일 서울 동작구 원생 122명의 상도 유치원 건물이 붕괴했다. 언론은 연일 붕괴 현장을 연결해 보도했다. 땅 꺼짐 현상으로 인근 주민이 야간에 긴급 대피했다. 다행히 인명 피해는 발생하지 않았으나 유치원 건물은 붕괴 위험이 커서 철거해야만 하는 상태였다. 야간에 발생한 사고여서 다행히 인명 피해로 이어지지는 않았다. 붕괴 원인은 유치원 바로 옆 빌라 신축 현장의 무리한 굴착 공사로 추정된다. 공사를 맡은 업체는 전문가의 조언과 서울시 교육청 경고도 무시한 것으로 드러났다.

상도 유치원 건물 바로 옆 공사 현장의 흙막이벽이 무너지면서 유치원 건물이 기울었다. 유치원 건물은 'ㄱ'자 형태인데, 이중 'ㄱ'자의 아랫부분이 기울면서 연결 부분이 무너졌다. 다세대주택 공사장의 흙막이 벽체가 붕괴하여 근처 지반이 가라앉았고, 4층인 병설 유치원의 좌측 지반이 무너져 내리면서 건물은 10도가량 기울었고, 외벽에도 금이 갔다.

사고 원인에 대해 유치원 일대 지질을 점검한 이수곤 전 서울시

립대 교수는 "시공사가 시추공 3개를 뚫어 10m 깊이로 지질조사를 했는데, 일대 지질을 파악하기엔 불충분하고 무책임한 조사"라며 지질조사 부실 문제를 짚었다. 또, 공사 중 흙막이벽 관리와 보강을 게을리한 시공사, 그리고 단 한 차례도 '안전 우려' 의견을 낸 적조차 없는 현장 감리 부실도 사고 원인으로 꼽았다.

안전사고가 발생할 때마다 사고 원인으로 지목되어온 재하도급 문제도 재차 드러났다. Y사로부터 7억 5,000만 원에 토목공사 하도급을 받은 J업체는 D사에게 5억 4,000만 원에 다시 하도급을 줬다. 이는 하도급 받은 건설공사를 재하도급할 수 없도록 규정한 건설산업기본법을 위반했다. 심지어 재하도급을 맡은 D사는 건설업으로 등록되지 않은 무자격 업체였다.

이 사고는 전문가의 경고를 무시한 안전 불감증, 불법 재하도급, 무등록 업체의 시공이 겹친 '예고된 인재'였다. 시공사의 현장 책임자는 부실한 임시 흙막이 공사에 대한 위험 경고에도 안전 조치를 취하지 않았고, 결국 공사를 강행하면서 유치원 쪽 지반 침하가 일어났다.

흙막이 임시시설을 설치하면서 안전조치도 제대로 하지 않았다. 시공 전 콘크리트에 매립 할 철근의 부착력을 확인하는 '인발 시험'은 하지 않았고, 안전 계측은 부실했다. 이에 따라 상도 유치원의 지반을 떠받친 흙막이 임시시설은 밤새 내린 비에 무너져 내렸다. 더욱이 이 공사는 건설업 등록조차 하지 않은 무자격 업체에게 불법 하도급을 준 것으로 드러났다.

상도 유치원 붕괴 사고를 유발한 다세대주택 신축 공사 관계자들은 안전조치를 제대로 이행하지 않은 혐의(건축법 위반 등)로 시공사 대표를 비롯해 8명이 검찰에 송치되었다. 이와 함께 토목설계업체 대표 등 3명도 건설기술진흥법 위반 혐의를 받았다.

상도 유치원 사고는 전형적인 '안전 불감증이 부른 인재'라는 의견이 많다. 이 모든 부실을 부른 것도 궁극적으로는 관리, 감독 행정의 잘못이다. 물론 현장 행정에서 법과 규정만 고집하는 것은 현실적으로 어려운 측면이 있다. 하지만 착공 이래 5개월 동안 이어진 유치원의 지속적으로 제기한 안전 우려는 물론, 사고 발생 전날의 다급한 위험 경고까지 무시한 처사는 어떤 변명으로도 정당화될 수 없다. 상도동 유치원만의 문제가 아니다.

이천 쿠팡 물류센터 화재

화재 역시 건축물을 붕괴시키는 원인이다. 쿠팡 이천 물류센터 화재는 2021년 6월 17일 지하 2층에서 시작되었다. 연면적 12만 7,178.58㎡에 축구장 15개 넓이와 맞먹는 물류센터에서 발생한 불은 사고 5일이 지나도 완전히 꺼지지 않았다. 38명의 목숨을 앗아갔으며 화재 진압 과정에서 경기 광주소방서 119구조대 구조대장이 순직했다. 소중한 생명이 희생되었다.

이 화재는 지하 2층 물품 창고 내 진열대 선반 위쪽에 설치된 콘센트에서 불꽃이 일면서 시작된 것으로 추정됐다. 특히, 지하 2층에 설치된 실내기 7대 중 세 번째 실내기 주변에서 발화한 것으로 추측됐다. 해당 실내기 아래에 종으로 세워진 고소 작업대(바스켓 모양 작업대) 위에서 산소 용접을 할 때 사용하는 용접 토치와 자재가 놓여 있었고, 횡으로 세워진 또 다른 고소 작업대에서는 사용된 용접봉도 발견되었다. 불에 탄 용접 토치와 연결된 산소 용기, LP가스 용기의 밸브는 모두 열린 상태였다.

화재 당일, 용접자가 용접 작업을 하던 중 튄 불티가 가연성 소재인 건물 천장과 벽면 우레탄폼에 옮겨붙었고, 유염연소 형태로 천장과 벽체의 우레탄폼을 타고 확산하였다. 특히 산소 공급이 원활한 각 구역 출입문 부근에서 빛과 열을 내며 타는 유염연소로 변한 뒤 우레탄폼을 타고 급속도로 퍼져 나갔다.

이천 물류창고 화재 조사에서는 대피로를 폐쇄하는 등 불법 설계 변경까지 확인되었다. 발주자가 상온 창고나 냉장창고 부분을 갑자기 냉동창고로 변경하는 설계 변경이 많은 편이다. 이에 따라 대부분 1~2개월의 공기 연장이 발생하며, 건설업체에서는 계약 기간 미준수에 따른 지체보상금을 내지 않기 위해 기계 설비 용접, 우레탄폼 작업 등 화재 위험을 감수하는 실정이다.

안전을 무시한 설계 변경도 원인이었다. 인허가 관청에는 지하 2층에서 화재가 발생하면 기계실로 통하는 방화문을 거쳐 외부로 대피할 수 있는 구조였지만, 정작 이 공간이 벽돌로 막혀 대피로가 차단되었다. 결국 지하 2층 근로자 4명은 폐쇄된 방화문을 뚫고 대피하려다 실패해 사망했다. 지상 1층부터 옥상까지 연결된 옥외 철제 비상계단은 설계와 다르게 외장이 패널로 마감되어, 지하 2층부터 시작된 화염과 연기의 확산 통로가 되었다.

이 과정에서 각종 불법과 안전 불감증이 여실히 드러났다. 경찰에 따르면 시공사 측은 공사 기간을 줄이기 위해 화재 당일 평소보다 2배 많은 근로자 67명을 투입했고, 지하 2층부터 옥상까지 총 10개 공정을 동시에 진행했다. 인력을 2배 이상 투입하면서도 안전 관리 수칙은 제대로 지켜지지 않았다.
같은 장소에서 화재나 폭발 위험이 있는 우레탄폼 발포 작업과 용접 작업이 동시에 진행됐다. 용접 불꽃이 다른 곳으로 튀는 것을 막기 위한 비산 방지 조치도 없었고, 2인 1조가 필수인 화기 작업도 1인으로 진행됐다. 화재 감시인이 작업 현장을 벗어난 상태에서 비상 유도등, 간이 피난 유도선 등 임시 소방시설도 설치되지 않아, 지하 1층에서 작업하던 근로자는 화재를 초기에 인지하지 못했다.

경기 이천에서는 이번 사건 전에도 냉동창고 건설 현장 화재로 2008년 1월에는 50명, 2020년 4월에는 48명의 사상자가 발생했다. '공사 기간 단축'이 화재 원인이다. 냉동 물류창고의 평균 공사 기간은 13~15개월인데 이는 비슷한 공사 금액 건설 현장보다 20~30% 가량 짧다. 지난해 38명의 목숨을 앗아간 경기 이천 한익스프레스 물류창고 신축공사 화재도 공사 기간 단축을 위해 여러 공정을 무리하게 수행하면서 발생했다.

공사상의 문제는 이뿐만이 아니다. 잦은 설계 변경과 열에 약한 값싼 단열 소재를 선호하는 현상도 피해를 키운 원인으로 지목된다. 난연성 단열재보다 저렴한 샌드위치 패널과 우레탄폼은 초기에는 연소가 서서히 진행되지만, 나중에는 산소가 고갈될 때까지 화재가 빠르게 진행된다. 특히 물류센터 건설 현장에서는 사업비 절약을 위해 조립식 자재인 샌드위치 패널로 칸막이 벽체를 형성하고, 우레탄폼으로 일정 두께로 덧대는 방법을 선호한다.

김찬오 서울과학기술대 안전공학과 명예교수는 "물류창고는 안전 관리가 제대로 되지 않고, 사람이 거주하거나 생활할 가능성이 적다며 안전에 대한 규제 수준도 일반 건축물에 비해 낮다."라고 지적했다. 업계에서는 이번 사건을 코로나19로 일상이 된 '비대면 쇼핑'과 이를 뒷받침하는 물류센터 시스템의 민낯이 드러난 결과라고 한다.

이천 물류창고 화재 사고도 산업안전공단으로부터 화재 위험성에 대해 6차례 경고를 받았지만 이를 무시한 '인재'였다. 공사 기간을 앞당기기 위해 평소 대비 2배의 인력을 투입하면서도 안전 관리수칙은 철저히 무시했다. 공사 중 피난에 대한 고려도 없었으며, 천장과 벽체 대부분을 덮은 우레탄폼은 불을 빠르게 확산시키며 인명 피해를 키웠다.

2015년 1월 의정부에서 발생한 도심형 생활주택 화재로 많은 사상자가 발생했다. 전 정부에서는 '안전한 대한민국'을 강조했지만, 대형 화재 참사는 계속 되풀이되었다. 제천 스포츠센터 화재(2017

년)로 29명이 사망하고, 밀양 세종병원 화재(2018년)로 49명이 숨졌다. 건축물 붕괴나 추락뿐만 아니라, 화재도 사람에게 인적 손해를 입힌다. 건축물 화재에 대한 인식을 바꿔야 한다.

안전 불감증은 여전히 계속되고 있으,며, 실효성 있는 안전 대책이 뿌리내리지 못했다. 뼈저린 반성과 함께 안전 수칙을 정비하고 작업 중 안전 의식을 높이는 과감한 조치가 필요하다. 이 사건은 붕괴나 추락이 아닌 화재라는 위험이 존재함을 시사한다. 시공 중이나 건축물 사용 시 화재가 발생하면, 막대한 인명 손실과 피해를 안겨준다는 사실을 명백히 보여준다.

인천 검단 주차장 붕괴 사고

콘크리트 구조물은 약속된 하중 범위 안에서 신뢰를 유지하지만, 약속을 어기는 순간 어김없이 붕괴로 반응한다. 2023년 4월 29일 인천 검단 안단테 건설 현장 지하 주차장에서 지하 1, 2층 슬래브 등 구조물 총 970㎡가 붕괴하는 사고가 발생했다. LH가 발주한 해당 단지는 10월 완공 예정이었으며 다행히도 인명 피해는 없었다.

주차장 건물은 오랜 기간 진동이 발생하면 피로현상이 일어난다. 이 주차장 슬래브에 들어가는 상하부 철근을 수직으로 연결하는 '전단보강철근'이 구조 설계상 모든 기둥 32개소에 필요했지만, 15개소가 전단보강철근 미적용 기둥으로 표기됐다. 또한 도면 확인 과정에서 감리의 역할도 제대로 이루어지지 않았다. 실제 조사 결과, 기둥 8개소, 전단보강철근 4개소도 설계와 다르게 빠져 있었다.

콘크리트 강도도 기준 미달이었다. 설계 과정에서 필요한 철근이 빠졌는데, 시공사인 GS건설은 부실한 설계에 더하여 철근을 추가로 누락시켰다. 사고 부위의 콘크리트 강도까지 기준 강도(24MPa)보다 30% 낮은 16.9MPa로 측정됐다. 부실에 부실을 더한 셈이다.

이 사고의 원인은 설계, 감리, 시공의 부실로서 인한 전단보강철근 미설치, 붕괴구간 콘크리트 강도 부족 등 품질 관리 미흡과 공사 과정에서 추가되는 하중을 적게 고려한 점이었다. 이 사고는 설계, 감리, 시공 등 아파트 건설 전반의 총체적 부실이 만든 인재였다. 감리는 사실상 유명무실했고, 도면 확인 및 승인 과정에서 문제점을 찾아내지 못했다. 사업을 발주한 시행사 LH는 단 한 차례도 품질관리를 하지 않았으며, 기본적인 상식과 원칙조차 무시한 채 공사를 진행했다.

국토부 특별점검 결과에서는 정기 안전 점검 미시행, 안전 관리 미흡, 품질 관리 미흡, 구조 계산서와 설계 도면 불일치, 설계와 다른 시공 등을 지적했다. 구조물은 단단히 묶는 것이 중요하며, 보강 철근으로 결속되고 벽과 바닥은 강한 힘으로 눌렀을 때 미끄러지지 않도록 체결되어야 한다. 재발 방지 대책은 무량판 구조 심의 절차 강화, 전문가 참여 확대, 콘크리트 품질 개선, 검측 절차 강화와 관련 기준 보완 등이 제시되었다.

GS건설은 이번 국토부 조사 결과에 대해 겸허히 받아들이는 분위기다. 시공사는 사과문을 통해 "시공사로 책임을 통감하고, 사고 수습에 온 힘을 다할 예정"이라며 "입주 예정자들의 불안감과 입주 지연 피해와 애로, 기타 피해에 대해 깊은 사과를 드리며 이에 대해 충분한 보상과 상응하는 비금전적 지원까지 전향적으로 추진할 계획"이라고 해명했다.

검단 주차장 붕괴 원인은 'GS건설의 부실시공'으로 밝혀졌다. 업체는 단지 전체를 전면 재시공하기로 했다. 인천 검단신도시 지하 주차장 붕괴 사고 원인이 시공사의 부실시공으로 밝혀지면서 사후 조치에 관한 관심이 커졌다. 더군다나 입주 예정자는 전면 재시공까지 요구하였다.

국토부는 행정처분 수위를 결정해 서울시에 통보해야 한다. 부실시공의 경우, 시공사에 최대 6개월 영업 정지와 1억 원 이하의 과징금을 부과할 수 있으며, 건설업 등록 말소 등 강력한 행정처분까지 가능하다. 광주 화정아파트 붕괴 사고 이후에도 후진적 사고가 또 일어나는 건 그간의 대책이 말에 그쳤다는 방증이다.

아파트 공사 중 주차장이 붕괴하는 어처구니없는 일이 벌어지자, 사고 단지 내 1,666가구 아파트를 철거하고 재시공하는 사태가 발생했다. 재시공하면 단순 공사비만 5,000억 원에 달하며, 입주 지연 보상 등 추가 비용을 포함하면 1조 원의 재건축비가 들 것으로 예상된다. 이번 사건은 HD산업개발의 광주 화정아파트 사고에 이어 역대 두 번째 전면 재시공 사례다. 시공사는 혹독한 대가를 치르게 됐지만, 인명 피해 등 대형 사고로 이어지지 않은 걸 다행으로 여겨야 한다.

입주 예정 주민들은 오랜 시간을 기다릴 수밖에 없다. 시공사 약속을 기대해야 한다. 시공사에 대한 책임을 철저하게 물어야 재발을 막을 수 있다. 국토부는 전국 모든 건설 현장에 대한 특별 안전점검을 통해 설계와 감리, 시공 과정에서 부실 고리를 반드시 끊어내야 한다. 건설사도 안전과 품질 강화에 기업의 명운을 걸어야 한다. 신뢰가 무너진 대형 건설사 한 곳만의 문제가 아니라 건설업계 전반의 문제다.

LH 발주 아파트 철근 누락

2021년 1월 외벽 붕괴 사고가 나 전면 재시공 결정이 내려진 광주 화정지구 아파트에 이어, 부실시공이 연이어 발생해 주택 수요자 불안이 커졌다. 시공능력 평가 기준 5위권 대형 건설사가 짓는 아파트에서 이런 후진국형 사고가 발생했다는 점에서 더욱더 충격적이었다. 이 사건으로 LH가 발주한 무량판 구조 현장에 대한 조사가 전국적으로 이루어졌다. '순살 아파트'라는 신조어도 등장하며 우리 사회에 큰 파장을 일으켰다.

인천 검단 아파트 지하 주차장 붕괴 사고의 원인으로 지목됐던,

철근 누락 사례는 LH가 발주한 다른 15개 단지에서도 확인되었다. LH 발주 아파트 가운데 '무량판' 구조를 적용한 91개 아파트 단지를 조사한 결과, 16.5%에서 전단보강 철근이 누락 되었다. 설계부터 시공에 이르기까지 단계별로 누락이 발생했다고 하니 더욱 어처구니가 없다. 국토부는 무량판 구조로 지어졌거나 짓고 있는 민간 아파트 약 300개 단지도 전수조사할 계획이다.

설계와 감리에 책임이 있는 발주처가 이를 사실상 방치한 것은 중대한 직무 유기로 합당한 대가를 치러야 한다. 삼풍백화점 붕괴 사고 이후 30년 가까운 세월이 지났지만, 후진국형 인재가 반복되고 있다는 사실에, 정부 당국자와 기업인 모두 뼈저리게 반성하고 책임을 통감해야 할 때이다.

발주처인 LH의 구조 계산 및 구조 도면 검증 역량이 부족한 점도 문제로 꼽힌다. LH는 건축사사무소가 제출한 설계 도서를 꼼꼼히 살펴보고 오류를 잡아내야 하지만, 최종 설계 승인 과정마저 부실했다. LH 사장은 기자회견에서 "LH의 구조 견적단이 설계가 제대로 됐는지 확인할 줄 알아야 하는데, 2009년 이래 도면도 못 보는 토목직이 구조 견적단을 맡고 있었다"고 지적하기도 했다.

최명기 대한민국산업현장교수단 교수는 '휴먼에러(Human Error)'를 아파트 부실시공 논란의 원인 가운데 하나로 지목했다. 그는 "근본적으로 (아파트) 시공 과정에서 철근 누락을 확인해야 할 감리가 제대로 역할을 못 하다 보니까 (철근 누락을) 걸러내지 못했다는 문제가 있고 건축구조기술사들이 구조도면을 작업하는 과정에서도 문제가 있었다"며 결국, 사람의 잘못이라고 설명했다.

김영민 한국건축구조기술사회 회장은 "국외 일부 국가에서 운용 중인 설계 '피어 리뷰(동료 심사)'절차를 도입하는 것도 고려해봐야 한다."고 했다. 피어 리뷰는 구조계산서와 구조도면 작성 이후 또 다른 구조기술사가 작업 결과물을 점검하는 것을 가리킨다. 건물의 뼈대와도 같은 구조물에 대한 감리는 건축사가 아니라, 구조기술전문가가 하도록 관련법을 개정하는 것도 검토되어야 한다.

원희룡 전 국토부 장관은 "초강력 조처가 없이는 건설업계의 이권 카르텔을 깨기는 힘들다고 일단 보고 있다."고 했다. 그러면서 "건설회사가 부실 공사를 했다면 이 부실 공사로 회사가 망할 수 있다는 신호를 줘야 한다."며 "공사비 저가에 의한 수주를 해 부실 공사를 하면 이윤보다도 손해액이 몇십 배, 몇백 배 정도 날 수 있다는 인식을 건설기업들에 줘야 한다"고 강조한다. 아파트 부실 시공 논란을 막으려면 원가 절감이나 이윤추구에 중점을 둔 건설사들의 경영 방식도 바뀌어야 한다.

2022년에 착수하여 시공 중인 아파트 상당수는 철근과 콘크리트 등 원자재 가격이 급등하고 수급이 어려운 시점 이후 착공에 들어갔다. 공사비를 줄이기 위해 원자재를 기준보다 적게 썼다면, 또 이런 사고가 발생할지도 모른다. 부실 공사를 감행했을 가능성도 크다.

이번 기회에 다른 건설사들도 주요 공사 현장에 대해 긴급 점검을 시행해야 한다. 주택건설 관련 협회나 학회가 대단지 위주로 표본조사를 시행하는 것도 방법이다. 가장 안전해야 할 공간인 아파트에 부실 공사가 빈발하는 것은 건축업계와 정부 모두 부끄러워해야 할 일이다. 수요자의 불신이 확산하지 않도록 획기적 대책을 마련해야 한다.

오늘날은 기업의 사회적 책임이 무엇보다도 강조되는 시대이다. 기업은 사회에 긍정적 영향을 미치는 책임 있는 행동을 요구받는다. 건설사와 LH는 부실시공과 관리 소홀로 신뢰 위기를 맞고 있다. 시공사가 내놓은 재발 방지 약속과 설계관리 강화 방안이 쏟아지는 비난과 행정처분을 모면하기 위한 임시방편이어선 안된다. 건축물 붕괴와 같은 인명 사고가 일어나면, 기업은 망하고 관련된 사람은 형사처벌을 받을 수 있다는 사실을 받아들여야 한다. 부실시공을 근절하기 위한 관리 책임 시스템을 확실하게 구축해야 한다. 더 이상의 죽음을 막는 것이 건축하는 사람들의 책무이다.

건축업 실태와 건축의 시대

다단계 하도급의 문제

건축은 협업이 필요한 분야이다. 시공 과정에서는 다양한 사람의 협업을 통해 건축물이 만들어진다. 전문업체와 기술자, 노무자가 참여하며, 건축을 구성하는 공정은 구조, 전기, 설비(기계), 통신, 소방 등이 있다. 특히 건축 설비와 같은 공정은 전문업체에 맡기는 것이 일반적인데, 이것이 하도급이다. 계약자가 직접 다할 수 없는 일이기 때문에 각 분야의 일을 분담시킨다. 각 공정이 조합되어 유기적으로 작동해야 한다. 건축 과정에서 하도급은 일을 나누는 불가피한 방식이라 할 수 있다.

건축의 문제는 다양하다. 건축업과 시공적인 측면에서 문제도 수없이 많다. 그중에서 가장 심각한 문제는 다단계 하도급이다. 이는 부실 공사의 원인 중 하나로 지목된다. 하도급이 꼬리에 꼬리를 무는 재하도급으로 이어진다. 건설업에서 1차 하도급을 주는 것은 합법이나, 1차 하도급을 받은 업체가 다른 업체에 재하도급을 주는 것은 불법이다. 이는 법으로 금지되어 있다. 그러나 다단계 하도급이 만연한 적폐로 자리 잡고 있으며, 이는 건축의 실패와 반성에서 살펴본 실상이다.

주목할 점은 다단계 하도급으로 내려갈수록 안전 문제와 품질 관리가 소홀해질 수밖에 없다는 것이다. 이는 건축에 대한 본질적인 문제를 일으킨다. 이윤을 높이려는 하청 업체가 하는 제일 손쉬운 방법은 안전 비용을 줄이는 것이다. 이는 하도급으로 내려갈수록 더욱 가속화된다. 시공의 원칙과 안전의 기본이 지켜지지 않는 것이다. 이로 인해 건설업에서 안전사고가 빈번하게 일어난다. 2020년 사고사로 사망한 산업재해 건수 882명 중 건설업이 458명(52%)으로 압도적 1위를 차지한다. 재하도급은 업체 사이에 적대적 관계가 형성되어 노동자를 위험에 내몰고 있다.

작가 김훈은 한국 사회가 이 실정을 바로잡을 수 없는 큰 이유는 경영과 생산구조의 문제, 즉 먹이 피라미드의 문제 때문이라 한다. 재벌이나 대기업이 사업을 발주하면 시공업체가 공사를 맡고, 힘들고 위험한 작업은 원청, 하청, 재하청으로 하도급된다. 이 먹이 피라미드의 단계마다 적대적 관계가 발생한다. 이로 인해 피라미드의 최하위에 속하는 노동자들이 고층에서 떨어지는 사고가 반복되고 있다.

일용직 건설노동자는 다단계 하도급 연쇄 고리의 말단에 있다. 실제로 고용노동부가 매년 발표하는 '고용 형태 공식 결과(2016년)'를 보면, 건설업 종사 노동자 중 일용직 등 비정규직 비율이 76.4%에 이른다. 반면 일본의 경우 건설업 취업자 중 비정규직 비율은 12.8% 수준에 머문다. 이는 건설업 노동자 중 87.2%가 정규직이라는 의미이다. 스웨덴은 92%, 독일은 90%가 정규직으로 우리나라와 매우 다르다.

　현대 산업사회가 가진 위험성 중 한 가지는 "어떤 사람들은 다른 사람들보다 위험 분배 및 성장에서 더 큰 영향을 받는다"는 것이다. 사람에 따라 위험에 영향을 받는 정도가 다른 '위험의 차별화'를 뜻한다. 건축 현장의 행태가 사회적 양상과 일치한다. 작가 김훈이 지적한 것처럼 돈 많고 권세 높은 집안의 자녀가 노동하다 사고로 떨어져 죽을 가능성은 거의 없다.

　결국 노동자와 취약계층, 사회적 약자가 위험에 노출되고 위험에 더 많은 영향을 받을 수밖에 없다. 위험의 차별은 피하기 쉽지 않다. 특히 건설노동자가 위험에 더 많이 노출된다. 건축의 생산구조가 노동자를 위험에 빠지게 만든다. 이것은 매우 안타까운 현실이다. 이들도 소중한 생명임을 인식해야 하며, 노동자에게 희생을 요구할 수는 없다.

　건축은 노동자의 피와 땀으로 만들어진다. 그들이 없다면 건축은 나아가지 못한다. 브라질의 오스카르 니에메에르 박물관에는 '건설에 참여한 노동자 한 사람 한 사람을 마치 모델처럼 멋지게 촬영한 포트레이트(Portrait) 시리즈'가 전시되어 있다. 이는 브라질 사회가 건축하는 사람들을 주목하고, 사회적으로 존중하고 있음을 보여준다.

　현재와 같은 건축업 생태계로는 안전사고 재발을 방지하기 어렵다. 건축업자와 기술자, 노무자의 직업윤리가 실종되었으며 재하도급만 난무하고 있다. 물론 법적으로는 일정 비율 이상은 원도급자가 시공해야 하지만, 이런 규정은 무시되고 업자 사이에서 일상적으로 재하도급이 이루어진다. 더욱이 재하도급을 법적으로 규제할 방법도 없다. 건축에 대한 약속이 지켜지지 않을 때 이를 해결할 법적인 방안도 없다. 이것이 바로 건축 부실을 발생시키는 구조적 맹점이다.

미국 건설업체는 핵심 공사를 직접 시공한다. 하도급에 공사를 맡겨도 시공과 품질 검수, 확인 절차 등 품질과 안전 관리는 원도급자가 책임진다. 품질과 안전 관리를 시공 담당자가 직접 하는 것이다. 원도급자가 시공을 관리하고 품질을 확인한다. 공사 단위별로 고유 번호를 붙이고 철저히 문서로 기록을 남긴다. 품질에 하자가 발견되는 즉시 공사 단위 번호를 검색하면, 공사 관리자와 기술자, 하도급자, 품질 검수 및 확인자를 즉석에서 확인할 수 있다.

시공 과정이 모두 기록으로 남기 때문에 사고나 품질 하자가 발견되는 즉시 검색해 책임 소재를 명확하게 따질 수 있다.

일본의 헤이세이(平成) 건설은 외주 없이 모든 공정을 사내에서 해결한다. 즉, 설계, 기초, 골조, 철근, 시멘트, 목공, 사후 관리 같은 건설업의 모든 부문을 회사 안에 두고 있다. 대다수 건설사가 공정을 잘게 쪼개 전문 시공업체에 나눠 줄 때, 헤이세이 건설은 거꾸로 전체 공정 부문과 인력을 운용한다. 한 팀이 하나의 건물을 처음부터 끝까지 모두 책임진다.

우리의 건축업 형태는 직영체계가 아닌 하도급 구조이다. 가장 큰 문제는 불법적인 재하도급과 다단계 하도급이다. 이러한 하도급의 구조적인 문제가 오늘의 건축업 생태계를 만들었다. 특히 재하도급은 주로 무면허, 무자격자에게 주어지는 것이 더 맹점이다. 깊게 뿌리 박힌 나쁜 관행에 대한 근절 대책이 필요하다. 그렇지 않으면 건축 품질과 안전을 보장할 수 없다. 오늘도 최하층 노동자는 위험한 생명의 줄을 타야 할지도 모른다.

무면허 업무 대행

소규모 건축물은 건축주 직영공사가 가능하다. 규모 200㎡(약 60평) 미만 공사는 건축주가 직접 시공할 수 있다. 종합건설회사나 전문업체에서 시공하지 않아도 된다. 건축주가 모든 사항을 진행할 수 있다. 직영공사이지만 실제로 건축주가 직접 시공하지는 않는다. 이때 '집 장사'가 등장한다. 수많은 김 사장, 박 사장, 최 사장이 등장하는데, 이들은 나쁜 시공자의 대명사다.

이들을 소위 '업자'라 부른다. 건축주를 대신해서 건축, 집짓기의 모든 과정을 대행한다. 드러나지 않는 일종의 하도급이다. 심지어 업자가 설계까지 관여하는 예도 있다. 대부분의 집 장사는 면허나 자격이 없다. 정식 사업자가 아니므로 세금도 내지 않는다. 영세하거나 자금이 부족하므로 제대로 된 건설 관련 면허가 없다. 그래도 건축주를 대신해서 전문가 행세를 한다. 이들의 경력은 보통 20년,

30년이 넘는다고 하지만, 그 경력이 실력과 정확히 부합하지는 않는다.

집 장사는 "내 집을 짓는다 생각하고 최선을 다하겠다"고 약속한다. 그러나 이는 양심 없는 가식적인 말이다. 세금을 내지 않으므로 저렴하게 지을 수 있다고 포장하고, 사업비를 줄일 수 있다고 자신의 이점을 내세운다. 건축주와 얼마에, 언제까지 하겠다고 계약을 맺으면, 이젠 집 장사를 믿을 수밖에 없는 구조가 된다. 계약이 체결되면 집 장사가 '갑'의 위치에 놓인다.

건축이 시작되면 시공자는 가장 먼저 돈을 요구한다. 선금 형태로 필요한 자재를 사야 한다는 명목으로 돈을 요구한다. 건축주는 돈을 주지 않을 수 없다. 사실상 일을 시작하려면 돈이 필요하기 때문이다. 그러나 이렇게 받은 돈은 자재 구매에 다 사용하지 않는다. 대부분의 경우, 이 돈은 집 장사의 돌려막기에 유용된다. 계약된 현장과 관련 없는 일에 사용되어 현장에 투입될 돈이 부족하다. 결국 좋은 건축은 할 수 없는 행태로 변한다. 지윤규 전 교수의 집짓기 사례는 우리의 현실을 정확히 보여주는 우울하고 서글픈 모습이다.

나쁜 시공자의 모습

그는 건설업 면허가 없는 업자였다. 일을 시작한다면서 선금을 요구했다. 시공 준비와 자재 구입을 위해 선금을 받았다. (중략) 시공 지식 경험도 없는 부적격자였다. (지윤규, 『다시는 집을 짓지 않겠다』, 세로북스, 2023, p.4)

이런 사람과는 좋은 건축을 하기 어렵다. 돈과 사람 모두를 잃을 가능성이 크다. 실력 있고 자금력 있는 사람은 선금이나 계약금을 먼저 요구하지 않는다. 돈에 관해 먼저 이야기하지도 않는다. 집 장사의 실력과 신뢰에 따라 집짓기의 성패가 결정된다. 운 좋게 좋은 업자를 만나면 천만다행이지만, 실력 있고 신뢰감 높은 업자는 거의 없다고 봐야 한다. 왜냐하면, 자금력 있고 좋은 시공자는 이미 주택 시장을 떠났기 때문이다. 주택과 같은 작은 규모의 일은 하지 않는다. 특히 일이 많아서 바쁘기 때문에 만나기 어렵다.

건축주에게 받은 돈이 떨어지면 시공자는 또 대금을 요구한다. 공정과 일은 느리지만 계속해서 돈을 청구한다. 지급한 돈과 일의 진행이 비례하지 않는다. 그렇지만 핑계를 대며 추가 비용을 달라고 한다. 이 시점부터는 돈을 주지 않으면 현장에 나오지도 않고, 일도 하지 않는다. 시공자가 '갑'이라 건축주는 이리저리 끌려다닐 수밖에 없다.

건축의 품질은 좀처럼 보장되기 어렵다. 집짓기가 지지부진해지고, 그래도 시공자는 밀린 자재비와 인건비를 지급해야 하니 건축주에게 돈을 달라고 요구한다. 집 장사에게는 돈이 항상 부족하다. 여러 현장을 계속 돌려막아야 하니 돈이 부족할 수밖에 없다. 이때 건축주 요구로 설계 변경이나 추가 공사가 발생하면, 그것은 업자에게 새로운 기회가 된다. 업자는 돈을 더 많이 받아낼 수 있는 명분으로 삼는다. 비용에 대한 단가도 터무니없이 높아진다.

약속된 시간이 지나도 돈을 주지 않으면 공사는 더 이상 진행되지 않는다. 이쯤 되면 집의 완성이 걱정되는 시점에 이른다. 품질을 따질 수 없다. 건축주는 점점 지쳐가고, 집짓기가 끝나기만을 바란다. 집 장사가 배짱을 부려도 뾰족한 방법이 없다. 계약서 한 장으로 시작된 관계라 업자가 사라지면 더 큰 문제가 발생한다. 그동안 미지급된 임금이나 자재비, 밥값 등을 건축주가 부담해야 하므로, 매우 난처한 처지에 놓인다.

이 시점에서는 시공자를 변경하든지 협상을 통해 지속하든지를 결정해야 한다. 정말 어려운 선택이 기다린다. 대부분의 경우, 궁여지책으로 기존 시공자와 같이할 수밖에 없다. 대개 그렇게 결정된다. 건축주는 마음의 병이 깊어지고 지쳐서 그저 공사가 잘 마무리되기만을 바란다. 이렇게 끝나도 하자나 부실로 또 마음을 졸여야 한다. 앞에서 살펴보았듯이 부실시공은 무자격자나 면허 없는 업체에 의해 주로 발생한다. 이와 같은 문제점을 개선하기 위해 소규모 건축물도 면허나 자격 있는 업체가 시공하도록 제도적 장치를 마련해야 한다.

그래야 건축 문화가 개선되고, 품질도 높아지며 집주인의 수명도 길어질 수 있다. 의뢰인은 건축 전문가가 아니다. 비전문가인 건축주가 직접 시공하는 것은 피고인이 변호사를 대신해서 변론하는 것과 같으며, 환자가 의사를 대신해서 처방을 내리는 것과 같다. 이 치에 맞지 않는 일이다. 양심 있는 정직한 시공자가 좋은 집을지는 구조가 바람직하다.

자본 추구와 나쁜 이익

　건축은 그 시대를 가장 진정하고 강력하게 드러내는 표현이다. 건축물은 정치적·경제적·사회적 측면과 얼굴을 마주한 채 생성된다. 건축의 숙명은 자본의 논리에서 자유로울 수 없다는 점이다. 건축 행위는 경제적 생산 활동이므로 자본을 무시할 수 없다. 자본은 돈이며 자본주의의 핵심은 돈, 즉 이윤추구에 있다.
　건축으로서 부동산은 자본의 개념으로 접근한다. 자본주의의 본질은 끝없는 이윤추구 그 자체이다. 시간과 물질, 인력을 포함한 에너지, 이 세 가지를 모아 조작하는 건축 생산은 자본주의의 결실인 상품으로 나타난다. 건축은 자본이 개입된 생산 과정을 거쳐야 완성된다.
　이종건 교수는 "건축은 자본주의 사회적 관계들과 생산 조건들에 불가피하게 얽혀 있는 까닭에, 자율성이 근본적으로 불가능하다."라고 한다. 쿠마 겐고도 '건축은 자칫 자본주의의 앞잡이가 되기 쉬운 위험한 학문'이라고 한다. 공룡과도 같은 자본주의는 지구를 위시하여 모든 생명의 생존을 위협하는 존재이다. 건축은 자본에 구속될 수밖에 없으며, 자본과 돈이 없다면 건축이 시작될 수 없다.

　자본가의 공간 개념은 지구도 자연도 국토도 아니다. 오직 상품이 유통되는 시장일 뿐이다. 어떻게 보면 그것은 회의나 의구심이 끼어들 여지가 없는 단순명료한 체계이자 논리이다. 철저하게 유물

쿠마 겐고, 네이버 데이터센터 각(閣), 춘천, 2013년, 사진: 유지민

적이며 물신숭배에 기반하고, 경제 논리로 팽배해 가는 것은 당연한 일이다.

자본, 아니 돈을 시장 경제의 꽃이라 부르는 사람도 있다. 자본이 사회를 움직이는 중요한 인자이므로 경제적 동기에 의해 건축은 시작될 수밖에 없다. 그러나 자본이나 경제적 동기에 의해 만들어진 건축은 우리 삶을 자칫하면 비릿한 냄새나 악취가 나게 만들 수 있다. 즉 좋은 건축이 만들어지기 어렵다. 로완 무어는 "사람들 대부분은 건축물이 단순히 기능만 담고 있는 게 아니라, 감정과 관련된 무형의 무언가가 있다는 것을 알고 있다. 그토록 확실해 보이던 건물들이 환상과 투기, 미래를 내건 피라미드식 세일즈의 입구가 돼버렸다."라고 말한다. 금융 모험이란 도구를 통해 '건축이란 이름의 욕망'을 실현하는 것이다.

박경리의 『생명의 아픔』이란 책을 보면, "삼풍백화점이 무너진 후 회장이라는 사람이, 내 재산이 없어지는데 무너질 것을 알고 나갔겠느냐고 한 그 볼멘 음성이 귓가에 쟁쟁 울려온다. 백화점에 쌓인 상품보다 인명의 값어치가 없다는 얘긴가. 모골이 서늘해진다."라는 부분이 나온다. 자본가의 마음을 읽을 수 있는 대목이다. 건물이 무너지고 사람이 죽었지만, 그보다 내 재산이 없어지는 것이 더 안타깝다는 자본가의 심정을 엿볼 수 있다.

건축은 문화인 동시에 표현 예술의 하나이다. 큰 자금과 많은 인력이 필요한 지극히 사회적인 생산 행위이다. 자본과 경제와 직결된 탓에 이해관계나 표현의 문제와는 차원이 다른 잡다한 속박이 따르고, 개인이 품은 꿈은 압도적인 힘 앞에 쉽게 뭉개지고 만다.

시공자는 자본 추구가 목적이다. 건축업은 봉사활동이 아니라 경제활동이다. 일을 통해 자본과 이윤을 추구한다. 고도화된 소비사회에서 건축이 소모품으로 인식되는 것을 전제로 할 때, 자본의 논리가 팽배해지고 인간의 형태가 소비 지향적으로 바뀐다. 이것은 사실이며 모든 문화에 영향을 미친다.

이러한 사회구조는 상대적으로 정신적 소산이며, 삶의 틀과 바탕이 되는 문화가 문명에 의해 본말이 전도되는 현상이다. 한 시대의 말기 현상이기도 하지만 여하튼 온갖 잡다한 장식과 복제품이 문화라는 허울을 쓰고 있다. 그래서 문화는 소비성의 어지러운 범람을 촉진하며 대중적이라는 시세에 편승하고, 저질 오락물에까지 문화라는 이름을 빌려주는 참담한 모습이다. 결국 문화란 아예 사라진 것이 분명하다.

건축과 관계되는 모든 것은 자본이 지배한다고 해도 과언이 아니다. 자본주의 사회의 하부 체제는 자본이 추동하는 수익구조에 따라 운영된다. 수익을 내기 위한 시스템으로 작동하는 것은 당연한 논리이다. 건축은 경제활동이므로 반드시 이윤을 남겨야 한다.

하지만 권오갑 HD현대 회장은 경영진에게 '나쁜 이익에 기대지 마라'고 조언한다. 그는 기업이 스스로 각고의 노력을 통해 국제 경쟁력과 미래 사업을 담보해 내고, 이를 통해 창출해내는 이익만이 비로소 좋은 이익이라 한다. 나쁜 이익을 바라지 말고 좋은 이익,

정당한 이익을 추구해야 한다는 충고이다. 건축하는 사람은 나쁜 이익을 기대해서는 안 된다.

건설에서 건축으로

건설과 건축은 우리 사회의 민낯을 보여준다. 우리의 도시와 건축은 사회적 평균을 표시한다. 그 시대의 건축 상태는 그 사회가 무엇을 해야 하는지를 알려주는 준거 틀이 된다. 왜냐하면, 건설과 달리 건축은 인문적·사회적·정신적 결합물이기 때문이다.

건축의 이상은 건설이라는 현실과의 변증법적 갈등을 통해 다듬어진다. 건축이 건설과 다른 점은 건축이 가치 지향적인 영역이라는 것이다. 그리고 이 가치는 모든 것을 집어삼키는 상품으로서의 가치가 아니라, 오히려 상품화에 저항하여 지켜야 할 인간성이다. 이는 곧 인간 존중과 인간성 회복을 의미한다.

건축과 건설 관련 제도에 관한 과제는 여전히 남아 있다. 건설 속에 한 분야가 건축이라고 인식되고 있다. 일괄수주 제도가 시행되면서 건설이 주가 되고, 설계는 그것을 실현하는 수단 정도로 건축을 이해하는 경향이 짙어졌다. 또한 경제와 산업에 치우친 정부 정책이 건축과 토목을 건설이란 이름으로 다루고 있다. 이러한 인식은 매우 부적절한 지각이다.

언론도 변화되었다. 이제 대형 신문사 지면을 보면 건축 관련 코너를 주기적으로 다루고, 건축에 관한 기사도 싣는다. 그렇지만 대부분 언론은 주요 건축물에 관한 기사를 쓰면서 건설사의 이름은 밝히지만, 건축가의 이름은 알리지 않는다. 이것이 우리 언론이 건축을 이해하는 수준이다. 착공식에서 건축가의 자리는 맨 아래에 놓이고, 준공식에는 아예 초대도 하지 않는다. 우리 사회에서 건축가의 자리는 없다. 매우 서글픈 현실이다.

준공 후에는 시공자에게 감사패를 주어도, 설계자에게 주는 경우는 드물다. 시공자에게 감사패를 준다고 해서 그들의 노력과 땀을 진정으로 인정하는 것은 아니다. 일종의 관행일 뿐이다. 시공자를 존중하는 문화도 제대로 자리 잡지 못했다. 이는 건축의 정신적인 가치보다 건설의 경제적 가치를 앞세우는 우리의 부끄러운 자화상이다. 건축과 건축가를 무시하는 사회적 태도이다. 반면, 영국의 경우는 우리와 차원이 다르다. 건축가 노먼 포스터는 귀족으로서 존경받고 있다.

건축가의 위상
그는 자신이 설계한 독일의 국회의사당 준공식 때 건물의 열쇠를 직접 독일 수상에게 전달하는 예식을 거쳤다고 한다. 한국에서는 상상할 수도 없는 일이다. (이상헌, 『대한민국에 건축은 없다』 효형출판, 2013, p.96)

건축가 이승환이 설계한 '어느 건축가의 흔적' 전시 개막식에서조차 디자인한 건축가의 이름이 불리지 않았다. 이런 일이 너무 많아 새롭지 않다. 조선일보 채민기 기자의 말처럼 건축가를 특별히 대접하자는 이야기가 아니다. 다만 건축가의 이름을 부르지 않으면 도시 풍경의 많은 부분이 익명의 디자인으로 남을 수밖에 없다. 그보다는 건축가를 창작자로서 존중하고, 그 이름값에 걸맞은 책임감과 좋은 디자인을 요구하자는 것이다. 이름을 부르는 것이 존중의 시작이다.

이제 건설의 시대는 끝내야 한다. 자본주의의 끝 모르는 탐욕을 제어하고, 그 탐욕으로 손상된 '인간 중심'의 가치를 회복하는 일은 건설이 아닌 건축이 맡아야 한다. 건축은 집을 짓는 행위가 아니라, 그에 앞서 정신을 먼저 짓는 일이기 때문이다. 건설로 물질적 풍요가 이루어지고, 그로 인해 오히려 인간의 생명과 품격이 망가지고 있는 이때가 건축의 본질을 다시 생각하고 말해야 할 시점이다.

노먼 포스터, 세인즈베리시각예술센터, 노리치, 1978년

명지대학교 박인석 교수는 이미 1990년대부터 건설에서 건축의 시대로 바뀌었다고 한다. 이 말은 단순히 건축의 시장 규모와 산업적 비중이 커졌다는 것을 의미하지 않는다. 한국 사회가 작동하는 구조가 달라졌다는 의미이다. 건축산업의 규모 역시 급성장했다는 사실은, 건축산업이 국민의 소득 수준과 소비 성향 변화와 맥을 같이하며 성장하는 산업임을 말해준다.

건축산업은 국민 경제활동 규모와 더불어 성장하며 상생하는 분야이다. 건설업은 국민총생산(GDP)의 15% 정도를 차지한다. 건축산업이 사회에 미친 영향력은 어떤 산업 분야보다도 막대하다.『건축은 왜 중요한가』의 저자 폴 골드버거(Paul Goldberger)는 '건축이 중요한 것은 건설업이 우리 경제에서 차지하는 비중이 높기 때문이며, 그것을 좀 더 효율적으로 만들 수 있다면 경제 전체에 큰 이익일 될 것'이라고 말한다. 건축산업은 나라 경제를 이끈다고 알려진 반도체, 자동차, 철강, 정유 산업 못지않게 비중 있는 분야임이 틀림없다.

건축의 시대로의 변화

'건설의 시대에서 건축의 시대로'라는 말은 압축성장의 견인차였던 건설의 비중이 줄어들었고 이제 문화의 풍미를 담은 건축이 중요해졌다는 의미로 이해된다. (박인석,『건축이 바꾼다』, 마티, 2017, p.11)

건축의 역할과 가치를 새롭게 매겨야 할 때다. 우리는 과거 30년이 건축이 아닌 건설이 시대였음을 인정해야 한다. 건축은 그 과정에서 자기 정체성을 잃었다는 뼈저린 각성과 반성을 동반하는 깨달음이 우리에게 필요하다. 다행히도 서울시 방향은 건설 위주가 아닌 건축 위주 정책을 펼칠 것이라 한다. 지난 시절 경제적 효과 위주의 '짓기'를 인간을 위한 가치 위주의 '짓기'로 바꾸겠다는 의지 표현이다. 시대적으로 적절한 변화의 기치로서 높이 평가되어야 한다.

오늘날 우리 모습을 뒤돌아보면 변화의 필요성을 절실히 느낀다. 그동안 우리는 건축적 가치보다는 상품적 가치를 추구했다. 좋은 건축보다는 그렇지 못한 건축을, 건축적 정합성보다는 경제적 이익에 치우친 건축을 미덕으로 삼아왔다. 건축 위주가 아닌 건설 위주의 정책, '짓기'보다는 '개발'에 치우친 정책, 인간이나 생명보다는 상품과 경제적 가치를 우선하는 태도가 지금의 현실을 초래했다. 현재의 도시와 건축이 그 증표이다. 그렇기에 바로 지금이야말로 인간 존중과 생명 존중에 대한 진지한 성찰과 더불어, 건설이 아닌 건축으로 전환해야 할 적기임이 분명하다.

안전 불감증과 위험사회

야만의 시대

  건축은 인간의 삶을 담는 용기이다. 그러나 그 용기로 인해 사람이 다치는 현실이 계속되고 있다. 우리 건설 현장에서는 사람이 다치거나 죽는 사건과 사고가 끊이지 않는다. 건축 관련 기술과 재료의 눈부신 발전에도 불구하고 붕괴 사고와 같은 '구조적 실패'가 감소해야 하는데도 건축물이 계속 무너지고 있다는 것은 참으로 역설적인 사실이 아닐 수 없다. 수치심과 자괴감이 밀려오며, 안타까운 현실 앞에서 참담한 심정을 감출 수 없다.

  우리 사회에서 벌어지는 다양한 건축 행태를 볼 때, 지금 우리는 '야만의 시대'에 살고 있지 않은지 묻지 않을 수 없다. 건축으로 인해 희생되는 사람이 너무나 많으며, 이는 안전을 등한시한 결과이다. 특히 시공 현장에서 벌어지는 건축의 문제는 더욱 심각하여, 선진국에서 결코 볼 수 없는 부끄러운 현실이다.

  건축 전문가도 아닌 작가 김훈은 「아, 목숨이 낙엽처럼」 칼럼에서 우리 건설 현장의 실상을 꼭 집어 신랄하게 표현한다. 생명체인 나무는 겨울을 대비해 잎을 떨구지만, 사람은 결코 떨어져서는 안 된다. 1m 높이에서 떨어져도 어떻게 될지 아무도 모른다. 관련 기준과 규정만 지켜도 안전 부주의 사고를 막을 수 있다.

건축 현장에서 벌어지는 불합리한 각종 행태는 명백한 건축적 범죄이다. 경비 절감과 수익 극대화를 위해 '안전'을 소홀히 해서 부주의로 인한 사고가 발생한다. 이것은 비인간적인 행태로서 우리 사회가 앓고 있는 구조적 질병이다. 과거의 부실 공사로 우리가 얻은 교훈은 하나도 없는 듯하다. 건축인의 한 사람으로서 건축 부실에 대한 분노와 무력감이 앞선다. 충분히 막을 수 있는 일이 반복될 때마다 화가 나기도 한다.

건축의 부실과 그로 인한 사망 사고로 인해 남는 것은 자조와 무기력뿐이다. 언제까지 이와 같은 사건과 사고가 일어나야 하는가. 아주 가벼운 사고조차도 일어나지 말아야 한다. 건축 행위로 인해 어떠한 사고나 희생이 없어야 한다. 왜냐하면, 건축은 사람이 만들고 사람을 위한 것이기에 그러하다. 더 무거운 처벌이 따라야 하는가.

부실 시공자에 대한 처벌

기원전 1700년경 소위 '입법자'였던 바빌론의 함무라비는 건물이 무너져 사람이 죽는 일이 발생한다면 건축기술자를 사형에 처하라는 명령을 내렸다. (우스룰라 무쉘러 저, 김수은 역, 『건축사의 진짜 이야기』, 도서출판 열대림, 2019, p.23)

사회학자 울리히 벡(Ulrich Beck)은 현대 사회를 '위험사회(Risk

society)'라고 한다. 스스로 통제할 수 없는 상황에서 비롯되는 것이 위험이다. 그는 실재하는 객관적 위험과 사회구성원이 예상하고 인식하는 위험, 두 가지 위험이 현대 사회에서 증대한다고 한다. 우리 사회에서 발생하는 위험과 사건 사고의 행태를 보면 예상하지 못한 경우가 더 많다.

  2023년 7월 장마철 비로 인해 많은 희생자가 발생했다. 전국적인 집중 호우로 소중한 생명이 희생되었다. 오송 지하차도 참사와 예천 산사태 등으로 50여 명의 희생자가 발생했다. 피해도 엄청났다. 현대를 '위험사회'라고 하지만 우리 사회는 재해 사고의 가능성이 너무 크다.

  비가 많이 내려도, 인도에서 버스를 기다리거나 지하차도를 지나거나, 심지어 배를 타는 일상적인 상황에서도 사고의 가능성은 언제 어디서나 잠재되어 있다. 위험한 장소에 있어야만 위험에 노출되는 것은 아니다. 김혜정 한국성폭력상담소 소장은 "발생한 위험에 제대로 원인 규명과 재발 방지가 이뤄진다면 사회 구성원의 위험 감수성은 높아진다 해도 그것이 불안으로 닥쳐오는 속도는 낮아질지 모른다."라고 말한다.

  우리 사회는 단순히 '위험사회'가 아니다. 위험을 즐기는 사회라 해야 한다. 재해 사고의 가능성은 삶 가까이에 늘 있으며, 잠재적 위험 요소가 산재하여 일상생활이 위험에 노출되어 있다. 문제는 이런 재난과 사고가 항상 더 나쁘게 반복된다는 점이다. 차라리 집 밖으로 나가지 말아야 한다. 더 체계적인 안전 사회 시스템이 필요하다.

위험사회와 안전

 산업혁명 이래 기술은 오로지 공업 발전의 논리를 따랐다. 여기에 휘말려 부상한 자본의 논리, 즉 경제적 효율성 원리, 그리고 그것을 더욱 바람직한 형태로 다듬은 기술 진전의 원리를 통해, 인간이 도구적 존재로 전락하고 '호모 이코노믹스(Homo-economics)'로 변모했다. 이 사실은 이제 더 이상 새롭지 않다.
 산업 발달은 우리에게 편리함과 이로움을 선물했지만, 그와 반대로 인간성 상실과 환경 오염과 같은 문제를 야기시켰다. 근대화의 길을 숨 가쁘게 달려와 이제 '풍요사회'를 이루었다고 자축하는 순간, 목마름을 축일 한 바가지의 물조차 남아있지 않다. 이것이 현대 풍요사회의 문명사적 역설이다. 이 역설은 현대 사회의 본성이다.
 그런데도 여전히 사회과학 담론의 주류를 차지하고 있는 '후진과 선진'의 대비 구도 속에서, 이 역설은 이론적·실천적으로나 여전히 부차적이고 우연적인 것으로 다루어진다. 당연한 이야기지만 이 같은 사정 때문에 현대 사회의 역설은 해결되지 않는 채, 오히려 무한히 자기 증식 중이다.
 이른바 근대화로 널리 알려진 이 같은 발전 과정에서 부(富)는 체계적으로 확대 재생되었다. 그와 동시에 위험은 부를 위해 감수해야 하는 우연적 난관에서 체계적으로 생산되는 정상적 개연성으로 변모하였다. 부를 얻기 위해 위험은 감내해야 한다는 논리가 지배했다. 그 결과 부의 추구와 분배의 문제 외에 다른 모든 것은 우연적·비정상적인 것으로 여겨졌다. 산업사회가 그 정점에서 맞이하게 된 것은 구조적 위험으로 가득 찬, 참으로 아슬아슬한 '위험사회'이다. 우리도 예외가 아니다.

위험은 근대성과 산업사회의 점진적 위기에 관한 많은 담론을 논의하는 지적이고 정치적인 용어가 되었다. 현대 사회의 안전과 위험 문제는 산업혁명 이래 근대화 과정 전반에 대한 비판적 재평가를 요구한다. 본래 위험이란 단어는 항해술 용어로서 위험을 감수하다 라는 뜻이다. 위험은 인간 스스로나 인간이 가치 있게 여기는 것에 위해를 가져오는 사물이나 상황, 세력을 의미한다.

위험의 정의

본래 위험(risk)이라는 용어는 17세기 스페인의 항해술 용어에서 나온 것으로 위협을 감수하다, 암초를 뚫고 나가다라는 의미를 지니고 있다. (울리히 벡 저, 홍성태 역, 『위험사회』, 새물결출판사, 2006, p.6)

우리 사회를 '위험사회'라 해도 부정할 수 없다. 특히 건축 시공 분야는 위험사회의 단면을 여실히 드러낸다. 건축으로 인한 죽음, 건축물 붕괴, 부실 공사, 사건 사고가 그것이다. 이것의 원인은 인간성 상실 즉, 인간을 존중하지 않는 것에 기인한다. 부정적인 건축의 문제가 인간의 생명을 위협하고 훼손하며 결국 인간을 죽음으로 몰고 있다. 사회적 폭력으로서 인간을 도구화한 것이다.

건축의 붕괴로 인해 사람이 희생되고 있다. 건축의 부실, 부실 공사로 인해 인간이 죽어간다. 더 정확히 말하면 건축으로 인해 인간이 다치거나 죽음과 같은 상황에 부닥친다. 이는 인간성 회복을 추구한 근대적 정신에 부합되지 않으며 자연의 이치, 건축의 근본과도 맞지 않는다. 건축의 본질에서 벗어났다.

건축물 붕괴 사고의 공통적인 원인이 '인재'라는 결론이다. 인재라는 뜻은 '범죄'라는 뜻과 같다. 기술자, 감리자, 경영자의 상호 묵인이나 신뢰 관계에 의한 공동범죄이다. 기술자 범죄는 하드웨어에 주어진 기본 원칙(규정)과 안전 기준, 그 법적 기준치만이라도 사수해야 하는 의무를 회피한 것이다.

부실시공은 중대한 범죄 행위에 해당한다. 이 같은 범죄 피해는 자기 삶이 끝나도 지속된다. 예술가는 죽어도 그가 만든 예술 작품은 영원히 살아남는다. 이러한 평범한 진리는 다른 어떤 예술 분야보다도 더 많은 시간과 노력, 비용이 투입되는 건축 분야에서 필연적으로 적용된다. 건축을 만든 사람은 죽었지만, 건축은 오래 남겨지기 때문이다.

환경문제와 생태 위기에서 단적으로 드러나듯, 위험사회란 역사상 유례없이 거대한 풍요를 이룩한 근대 산업사회의 원리와 구조 자체가 오히려 파멸적인 재앙의 사회적 근원으로 변모하는 세상을 뜻한다. 위험과 안전 문제를 도외시한 채, 오직 외형적인 성장만을 개발과 발전 지표로 삼은 '근대화'의 길을 달려왔다.

근대화의 가치를 부정할 수 없다. 하지만 근대화에 기초하여 '선진국'이라는 이름으로 관철되는 은밀하고 치밀한 폭력은 극복해야 할 과제이다. 그리고 그 폭력에 기대어 무한한 축적을 추구하는 자본의 탐욕을 적절히 통제해야 한다. 이를 통해 건축으로 인한 위험과 죽음의 근원을 차단할 수 있다. 이제는 위험과 안전을 사회 발전의 중심에 놓아야 한다.

안전에 대한 욕구

우리는 지금 '안전 불감증 시대'에 살고 있다. 2022년 1월 중대재해기업처벌법이 시행되었다. 이는 건설 재해 예방을 위한 정부의 의지가 담겨 있는 법안이었다. 이 법의 시행으로 건설업계는 긴장했으며 얼어붙었다. 업계에서 반대한 이 법안에 대해 일반 시민은 반기는 분위기였다. 부실 공사와 부주의 사건 사고를 줄일 수 있다는 기대감이 높았기 때문이다.

2020년 고용노동부가 발행한 재해조사 대상 사망 사고 발생 현황 자료에 따르면, 건설업 사망자가 458명으로 전체 사망자의 절반을 넘었다. 사고 유형별로는 추락으로 인한 사망이 328명으로 가장 많았다. 2021년에도 조금도 달라지지 않았다. 전체 사망자 828명 중 건설업 사망자가 417명으로 절반을 차지한다. 2022년에는 1년 간 사망 사고는 총 611건이 발생하여 644명이 생명을 잃었다. 이 중 건설업 비중이 53%로서 절반 이상을 차지한다.

3년간의 자료를 보면, 사망자의 절반 이상이 건설업에서 발생했고, 추락이 주원인이다. 하루에 한 명 이상이 건설 현장에서 사망하는 통계가 놀라울 뿐이다. 우리 주변 건설 현장에서 매일 한 사람씩 노동자가 죽어간다는 뜻이다. 건설 현장에서 노동자가 추락했다는 보도는 드문 일이 아니다. 민간 공사 현장의 안전 문제는 심각하다. 중대재해기업처벌법이 시행되었지만, 오히려 사건 사고가 더 빈번해졌다는 자료도 있다.

2021년 1월 제정된 중대재해기업처벌법은 1년의 유예 기간을 거쳐 2022년 1월부터 실행되었다. 다만, 50인 미만 사업장은 2년 더 유예되어 2024년에 실행되었다. 이 법은 공무원 처벌 규정과 발주처 책임 규정 등이 모두 빠져서 통과된 법으로는 원청이나 지자체를 처벌하기도 힘들다. 공무원 처벌 규정은 '공무원의 인허가 감독 행위와 중대 재해의 인과 관계 입증이 불가능하기 때문'이며, 발주처 책임 규정이 빠진 이유는 '도급이라는 개념에 들어가기에 실익이 없다는 판단'때문이다.

문제는 결국 반복되는 참사에서 다단계 구조의 맨 밑에 있는 이들만 처벌받을 가능성이 크다는 점이다. 대형 참사가 발생해도 근본 사태를 책임지고 처벌받는 이가 없으며, 이로 인해 참사가 되풀이된다. 국가수사본부에서 진상조사를 한다 해도 지자체나 원청업체가 처벌받을 일은 요원하다. 사실 지자체에 책임을 전가하는 건 무리한 주장이라는 이야기도 나온다. 반면, 실질 책임을 지는 주체가 없는 다단계 구조이지만 직접적인 행위자가 책임을 져야 한다는 주장이 맞선다.

건축 기술은 우수한 인간 행위를 대표하는 것이며, 그 방법에 대한 반성은 안전의식 부재와 안전 불감증을 빼어놓을 수 없다. 건축에서 안전 문제는 매우 심각하며, 안전과 생명, 그리고 사용 가치를 무엇보다 우선시해야 한다. 사람이 추락해 목숨을 잃은 후에 보상하는 비용은, 안전장치를 하지 않고 얻어지는 속도전의 경제효과를 넘지 않는 논리이기에 그렇다.

매슬로(Maslow.A.H)의 욕구 5단계 중 두 번째가 '안전의 욕구'이다. 안전 욕구는 공간 및 사회적 욕구, 존경의 욕구보다 앞선다. 하지만 우리 현실에선 뒤로 밀려나 중요시되지 않는다. 안전보다는 이윤 창출을 선택하며, 목숨을 가벼이 여기는 사회에 살고 있다. 문화까지 돈에 의해 좌우되던 시절의 얘기가 아니라, 지금 우리 주변에서 벌어지고 있는 공공연한 사실이다.

안전에는 반드시 비용이 수반되어야 한다. 원인과 결과가 동전의 앞뒤처럼 안전과 비용은 불가분의 관계에 있다. 이는 부정할 수 없는 상식적인 사실이다. 안전을 위해서는 비용이 지출되어야 하며, 그렇지 못하면 안전을 보장할 수 없다. 따라서 근로자는 안전 규칙을 철저히 준수해야 하며, 안전에 필요한 비용을 들여 사고를 방지하고 생명을 지켜야 한다.

체계적 위험의 사회

건축물에는 위험과 위협 요소도 있다. 독일의 위험 연구학자 렌(Renn)이 분류한 위험 유형의 요인 중 건물은 복합재난에 해당한다. 복합재난에는 음식을 포함해 댐, 고속도로, 다리 등 대형 구조물이 포함된다. 또 인간의 건강이나 환경에 미치는 어떤 위험이 특정한 개별적 요인에 있다기보다 사회적·경제적 맥락 속에 있는 경우를 '체계적 위험(Systemic risks)'이라 한다. 건축으로 인해 발생하는 각종 사건 사고는 발생 행태, 원인을 볼 때 체계적 위험에 가깝다.

건축물을 짓는 과정에서 사람이 죽거나 불구가 되기도 한다. 사람은 벌거벗은 생명이 되고, 건축은 사람의 생명을 빼앗는 존재가 된다. '짓는다'라는 말은 건설사와 노동자, 의뢰인, 건축가, 다른 전문가가 실제 물리적인 건물을 만들어내는 활동을 뜻한다. 그러므로 건축 시공은 본질적으로 위험 사고를 내포하는 행동이다.

대규모 건설 현장에는 노동과 비용이 수반한다. 노동은 물리적인 힘의 운동으로 피와 땀을 요구한다. 고통과 희생이 따른다. 두바이란 도시를 만드는 과정에서도 동남아나 인근 나라의 수많은 노동자가 다치거나 죽었다. 하지만 두바이 성공 신화에는 이와 같은 사실이 묻혀 있다. 근로자의 값싼 노동의 대가는 위험에 노출된 희생이었다. 베이징 올림픽 주경기장을 짓는 과정에서는 엄청난 인원이 밀어붙이기식으로 투입되었다. 안전의식이 높지 않았던 건설 과정에서 발생한 사망자 수는 공개되지 않았다.

2022년 산업재해 조사 결과를 구체적으로 보면, 사망 사고 644명(611건) 중 건설업이 341명(328건)으로 53%로 나타났다. 재해 유형은 떨어짐 268명(262건), 끼임 90명(90건), 부딪힘 63명(63건)으로 상위 3대 유형의 사고사망자 비중이 전체의 65.4%를 차지한다. 건설업 사고사망자 341명 중 떨어짐이 204명으로 60%이며, 무너짐 25명, 끼임 24명, 부딪힘 23명, 물체에 맞음 23명 순으로 많이 발생했다.

건축물 붕괴와 추락으로 인한 사망은 자연재해 같은 불가항력적 재난이 아니라, 정치·경제·사회 환경과 결합해 나타나는 재난, 곧 사람이 만들어내는 '생산된 위험'이다. 인위적인 위험, 즉 인적 요인, 사람에 의해 만들어진 위험이라는 의미이다. 통계자료를 보면 건설현장에서 생산된 위험으로 하루에 한 명씩 죽는다. 건축의 정신적인 가치보다 건설의 경제적 가치를 앞세우며 살아온 우리의 부끄러운 모습이다.

우리 사회에서 위험 발생 이후의 모습은 위험 감각과 불안을 더 높이는 것 같다. 그뿐만 아니라 책임지는 주체, 대책을 요구할 대상이 없다. 평등, 보편성과 공공성이 있어야 할 곳에 이윤(돈), 기득권, 행정편의, 회피와 모면이 차지하고 있다. 사회구성원은 포기와 체념으로 내몰린다. 이런 상황에서 사회구성원은 어떤 방향으로 움직여야 하는가.

부실시공은 하자나 재시공의 문제만이 아니다. 부실시공으로 사람이 다치거나 죽는다는 것이다. 인간이 만드는 건축으로 인해 사람이 피해를 보는 것은 가치를 따질 수 없다. 불법과 부실 공사가 법적·사회적으로 그리될 수밖에 없는 구조 속에서 이루어지는 것일지라도 면책 사유가 되지 못한다. 비인간적·반사회적인 악의적 행위이다.

건축 현장의 사고와 부실시공은 단순한 실수라 할 수 없다. 시공 현장에서 벌어지는 도덕 불감증과 삐뚤어진 양심, 부정부패가 만들어낸 처참한 결과이다. 이런 결과가 발생했다는 것은 지나친 이윤추구가 원인이며 무지와 무능 때문이 아니다. 도덕 불감증, 윤리 의식 부재, 인간에 대한 존엄성 무시, 이익(돈)만 우선하는 과욕이 부른 몰상식한 작태이다.

모든 것을 돈으로만 따지는 각박한 세상이다. 삼풍백화점 붕괴 사고, 광주 화정아파트 붕괴 사고에서와 같이 건축물이 무너지면 많은 사상자가 발생한다. 사회적 재앙으로 물의를 일으킨다. 건축은 우리 사회에 나쁜 영향을 미치는 존재로 전락한다. 불신의 골이 깊어지고 건축하는 사람의 자리는 더욱 좁아진다.

건축가와 건축업자

건축가는 물질로써 물질을 넘어서는 무엇, 곧 비물질적인 무엇을 지어내는 자다. 따라서 건물이나 경제적 가치 등 현실의 물질에 한정되는 자는 건축가가 아니라 건축업자이다. (이종건, 『건축학개론』, 건축평단, 2020, p.34)

재난과 사고는 일회성으로 끝나는 것이 아니라 지속해서 삶에 관여한다. 더 나아가 가족이나 주변 사람에게 영향을 준다. 세상은 빛의 속도로 바뀌는데 나쁜 사람의 사고는 원시 부족 사회에 머물러 있다. 그러니 이들에게 합리주의나 이성 회복, 법의 지배, 인간 존중과 같은 보편적 가치를 기대한다는 것은 애당초 불가능한지도 모른다. 일반적인 상식으로는 이해하기 어려운 사고 구조를 가진 사람이 의외로 많다. 건축에 관계된 일을 하지 말아야 할 사람이다.

건축물 붕괴와 적정 비용

건축물 붕괴는 911테러로 무너진 월드 트레이드 센터가 대표적이다. 물론 외부 충격에 의한 파괴였다. 테러리스트는 납치한 두 대의 여객기를 몰고 날아가, 일본계 미국인 건축가 미노루 야마사키(山崎 實)가 평화의 의미로 설계한 두 타워를 붕괴시켰다. 거의 삼천 명이 죽었고 그 이후에는 전쟁으로 이어졌다. 이 건물의 붕괴 원인은 충격에 의한 화재와 자중(자체 중량)이었다.

세계무역센터의 붕괴 원인 : 화재, 자중
불길이 연료와 항공기 잔해 그리고 건물의 집기 등 각종 인화성 물질을 태우며 강철 기둥을 매우 뜨겁게 달궜다. (중략) 뜨거운 강철은 차가운 강철보다 약하고, 똑같은 하중을 견디지 못한다. (로마 아그라왈 저,

윤신영, 우아영 역, 『빌트, 우리가 지어 올린 모든 것들의 과학』, 어크로스출판그룹(주), 2019, p. 73)

야마사키가 설계한 세인트루이스의 프루이트-아이고 단지도 폭파로 철거되었다. 이 단지는 원래 가난한 사람의 생활 개선을 위해 지어졌으나, 범죄가 기승을 부리고 공공기물 파손이 너무 많아 1972년에 사라졌다. 사실 단지의 실패 요인은 건물 자체보다는 주택 정책과 관리에 있었다. 위의 두 사례 모두 건축물이 고의적인 폭발의 희생이 되었다.

건축물은 인위적인 힘이나 자진 철거가 아니면 붕괴하거나 없어지지 않는다. 지진이나 해일과 같은 자연재해로 파괴되고 붕괴한다. 이러한 사라짐은 인간적 요인이 아니다. 자연의 힘에 따른 것으로 인간으로서는 어쩔 수 없는 성격을 띤다. 대만에서 발생한 지진도 건축물을 붕괴시켰다. 하지만 세부적인 붕괴 요인은 부실 공사로 밝혀져 충격을 주었다.

2016년 2월 6일 춘제(春節·설) 연휴를 삼킨 대만 동남부 지진은 '두부 빌딩' 붕괴라는 인재로 인해 사상자가 발생했다. 규모 6.4의 강진이 발생한 뒤 사망자는 46명으로 늘었고, 실종자도 100여 명에 달했다. 이 지진으로 타이난(台南)시에서만 9개 건물이 붕괴하였다. 특히 사망자의 대부분인 44명이 융캉(永康)구의 한 주택단지 내 4채의 '두부 빌딩'에서 희생된 것으로 확인되어, 대만 사회가 충격에 빠졌었다.

문제는 지진 발생 이후 현지 매체가 두부 붕괴에 비유했던 웨이관진룽(維冠金龍) 빌딩이었다. 주상복합건물인 이 빌딩은 4개 동으로 구성됐다. 지어진 지 22년밖에 안 된 건물인데, 지진이 발생한 뒤 제1동이 먼저 무너졌고, 나머지 3개 동도 두부가 무너지듯 붕괴했다. 웨이관진룽 빌딩이 인재 논란에 불을 지핀 것은 무너진 벽 안에서 식용유통, 양철 깡통들이 무더기로 발견됐기 때문이었다.

일본은 지진이 자주 발생한다. 대지진은 사람의 삶을 위협하고 파괴한다는 점에서 생명력을 짓밟고 파괴하는 심각한 재해이다. 역사적인 사실을 참고해 볼 때 대지진이 발생해 엄청난 피해를 안겨 주었다. 쓰나미도 또 다른 재앙이었다. 그래서 일본은 그 어떤 나라보다 지진에 관한 연구가 활발하다. 내진 설계에 대한 것을 말할 것도 없으며 사회적 재해에 대한 대비도 철저한 편이다. 하지만 예상치 못한 대지진이나 쓰나미 같은 재해가 발생하면 그 피해는 엄청나다.

우리나라도 지진 발생이 잦다. 포항 지진을 비롯해 크고 작은 지진이 자주 일어난다. 물론 오래전부터 시행된 내진 규정을 따라야 한다. 그래도 지진이 발생하면 그 피해를 예상할 수 없다. 지진과 같은 원인이 아니라면 건축물은 무너지지 않는다. 건축 구조물은 항상 중력을 견디며 스스로 서 있을 의무를 갖는다. 인적 원인, 즉 사람이 잘못하지 않으면 건축물은 절대 붕괴하지 않는다. 안전 규정을 준수하지 않고 구조의 원리, 시공의 기본을 준수하지 않으면 건축물은 중력을 견디지 못한다. 무너질 수밖에 없다. 규정을 지키지 않는 부실 공사는 사회적 문제를 일으키며 사람의 생명을 빼앗아 간다. 비인간적인 부실 행위에는 처벌의 수위를 높여야 한다.

　이렇게 말하는 이유는 문제가 강력한 처벌 같은 사후약방문이나 사회적 각성, 물신주의 문화의 청산, 국가안전처 신설 등의 대증요법으로 해결될 사항이 아니기 때문이다. 이것은 철저하게 비용에 관한 사항이다. 적정 비용에 대해 논의하여 해결방안을 찾아야 한다. 그리고 이 비용은 지급해야 함에도 유예해 온 것이기에 부담으로 작용할 것이다. 과연 우리 사회가 감당할 수 있는 정도인지 아닌지도 모른다는 데에 현안의 심각성이 있다. 하지만 논의의 시작은 빠를수록 좋다.

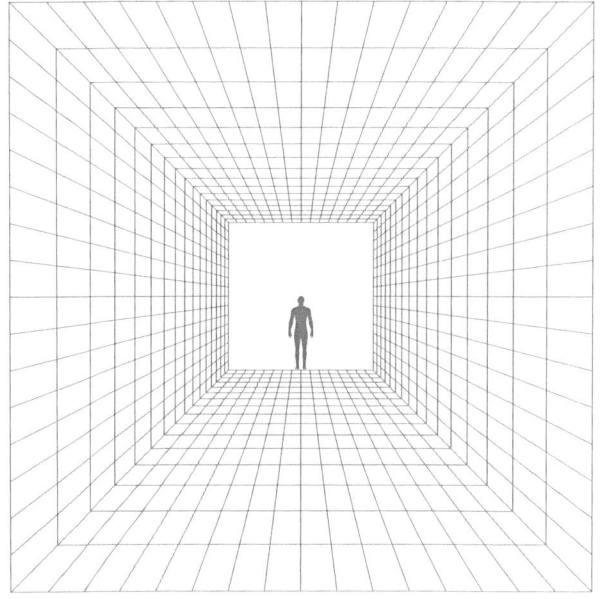

인간을 위한
건축

건축의 마무리
겨울

 아쉬운 가을이 끝나면 긴 겨울로 이어진다. 겨울은 건축의 계절이 아니다. 자연도 생명도 움츠러든다. 인간은 추위를 이겨내야 한다. 겨울은 건축하기 어려운 시간이다. 땅이 얼고 날씨가 추워지기 전에 건축은 마무리되어야 한다. 봄, 여름, 가을에 했던 건축을 완성해야 한다. 겨울에 다하지 못한 일은 봄을 기다려야 한다. 생명이 움트는 계절, 봄을 고대하며 겨울을 보내야 한다. 겨울이 가면 봄이 오듯이 자연은 순환한다. 건축도 사람도 자연의 순리에 따른다. 봄의 향기를 기다려야 한다.

코로나19 이후의 건축과 도시

주택의 변화

　코로나바이러스 감염증-19(이하 코로나)는 생물학적 요인의 바이러스가 원인이다. 2020년부터 우리 사회와 전 세계에 엄청난 영향을 미쳤다. 코로나는 삶에 많은 변화를 주었다. 주택도 변화되지 않을 수 없었다. 지금까지 건축은 사람을 모으는 것에 초점이 맞춰졌다. 감염병 대유행(pandemic) 이후 전염병에 대한 불안으로 대면보다는 비대면, 모임보다는 흩어짐이 강조되는 시대를 겪었다. 건축의 관심과 주체가 예전과는 다른 방향으로 흘러가고 있다.

　코로나19 이후 고객이 요구하는 사항은 첫째, 깨끗하고 사적인 공간에 대한 바람 상승이며 둘째, 한적한 외곽으로의 여행, 가치 있는 여행, 근거리 여행 추구가 새로운 유행으로 자리매김했다. 여행이 자제되어야 하는데 오히려 소비자는 주택 외 장소, 외부로 나가는 것을 선호하게 되었다. 실내 공간 공유에 대한 위험과 불안의 관점을 갖게 했다. 그래서 근무, 학습, 쇼핑, 여가 등 일상의 상당 부분을 집에서 실행하였다.

　사람이 코로나19로 집에 머무르게 되면서 집은 단순한 주거 공간이 아니다. 일터, 운동 공간, 취미 생활 공간 등 다양한 기능을 수행하게 되었다. 집의 기능이 다양화되면서 필요에 따라 공간 구조를 변형시킬 수 있는 틀을 도입하자는 목소리도 커졌다. 소비자는 여러 목적에 맞게 효율적으로 공간 크기와 용도를 조절하여, 다양하게 활용할 수 있는 '복합적인 생활 공간'을 요구한다. 자신의 생활 방식에 맞게 공간을 재배치할 수 있는 모듈러 하우스 수요도 높다.

팬데믹 이후 재택근무가 보편화되면서 홈 오피스 시장도 성장하는 추세다. 홈 오피스는 스마트워크의 한 유형으로 집안에 업무공간을 마련하여, 업무에 필요한 시설을 갖추는 것을 말한다. 이에 따라 홈 오피스 구성을 위한 실내장식이 증가하고 업무공간과 휴식 공간을 분리하는 수요 또한 급속하게 늘어나고 있다. 건설회사가 앞장서 설계 단계부터 홈 오피스 공간을 계획하고 있으며, 이러한 경향이 지속적으로 증가할 것이다. 공간의 제약 없이 자유롭게 옮겨 다니며 일하는 '디지털 노마드(nomad)'의 등장은 주택에 대한 변화를 요구한다.

디지털 노마드의 등장과 주택의 변화

디지털 노마드는 우리가 지금껏 당연하게 여겨왔던 '집은 한곳'이라는 고정 관념을 깨고 동시에 '집은 내구재(耐久財)며 고정 비용'이라는 개념을 뒤흔드는 새로운 비즈니스 모델을 등장시켰다. (정희선, 『공간, 비즈니스를 바꾸다』, 미래의 창, 2022, p.119)

우리나라뿐만 아니라 전 세계적으로 단독주택에 관한 관심이 높아지고 있다. 야외공간이 있는 주택에 대한 수요가 2배가량 증가했으며, 수영장을 갖춘 주택에 대한 검색은 3배가량 늘었다. 타인과의 접촉이 불가피한 아파트보다는 개인의 공간이 확보될 수 있는 단독주택에 대한 선호도가 높다. 도심 내 단독주택의 인기나 도시 외곽의 깨끗한 단독주택, 전원주택의 인기는 이전보다 증대할 것이다.

위에서 언급한 것처럼 가족 구성원이 집에 머무는 시간이 길어지면 활동 범위에 비례해, 개인적 공간의 범주가 커지면서 필요 면적도 증가할 것이다. 그러므로 공간은 한 가지 모습만을 띠지 않을 것이며 유연성이 강조된 주거환경을 요구할 것이다. 예를 들어 벽은 고정된 구조물이 아닌 다양한 공간적 구조와 용도에 맞춰, 유연하게 움직이는 시스템의 역할을 해야 한다.

코로나19 사태를 겪으면서 재택근무와 온라인 수업이 일상화되었고 집에 머무르는 시간도 늘어났다. 집에 대한 기준이나 선호도 달라졌다. 이전까지는 발코니까지 공간을 확장하여 넓은 거실을 활용하려는 경향이 많았는데, 포스트 코로나 시대에는 집에서도 자연을 느낄 수 있는 넓은 발코니와 테라스, 마당을 갖춘 주거 공간에 대한 선호가 높아졌다. 실제 사람의 외출이 어려워지자 베란다와 테라스를 활용하여 답답함을 해소하려는 경향도 뚜렷하다.

스스로 시스템을 작동시키는 업그레이드 패시브하우스 등장도 예상된다. 에너지 절약형 주택에서 좀 더 진보한 버전으로서 전등, 보일러, 에어컨, 가전기기를 앱으로 제어하는 시스템을 갖춘, 말 그대로 언콘택트(uncontact) 시스템으로 작동하는 미래형 주택을 말한다. 코로나19 이후가 아니더라도 발전하는 기술 시대에 맞춰, 에너지 소비를 줄이고 환경 오염도 최소화하는 친환경적인 주택에 대한 요구도 높아질 것이 분명하다. 에너지 효율을 높인 지속 가능한 주택이 더 나은 생활에 이바지할 것으로 보인다.

앞으로 재택근무, 화상회의, 홈트레이닝과 온라인 수업이 보편화될 것으로 예측된다. 그러면 주거 공간은 가구 구성원의 다양한 활동을 수용할 수 있어야 한다. 공간 크기와 구조, 소재와 기능을 갖춘 주거 공간 기능이 필요하다. 예를 들면 이동할 수 있는 마이크로 하우스나 로그 하우스에 대한 수요도 높아질 것이다.

우리의 집은 아파트가 대부분이다. 아파트가 주거문화를 대표한다. 국민의 70% 정도가 아파트에 산다. 아파트는 상자, 성냥갑을 기본 모델로 하고 있다. 코로나19에 걸려 아파트에 머물러 본 사람은 고통을 느꼈으며, 마당 있는 집이 그리웠을 것이다. 성냥갑은 장소의 고유한 특성을 말살한다. 아파트라는 성냥갑 건축의 답답함과 한계에 대해 모두가 공감하고 있다.

주택 내부에는 햇빛과 나무, 꽃 등 자연적 요소와 함께할 수 있는 여유 공간(예를 들면 발코니, 마당), 그리고 공간 연결과 분리가 자유로운 공간 구조의 주택이 삶에 휴식을 준다. 당연히 편리성도 높다. 아파트라는 주거 형태는 점차 자연으로부터 멀어져 다양한 삶의 가치와 형태를 담기 어렵고, 무엇보다 생명의 근원인 흙을 접하기 어렵다. 인간의 본질과 미래를 생각할 때 결코 이상적인 주거 공간은 못 된다. 코로나19와 같은 감염병을 이겨내기에 적합한 구조가 아니다. 아파트 중심의 주거문화 변화가 불가피하다.

미래 주택의 중요한 핵심은 인간의 본질과 인간이라면 언제나 변함없이 추구하는 것을 탐구하고, 이를 공간 속에 가능하게 해주는 것이다. 주거의 본질을 추구하고 실현하는 것이 진정한 의미의 미래 주택이다. 주거의 핵심에 인간의 모습과 삶의 변화를 두어야 한다.

건축의 변화

2022년까지 코로나19 범유행 현상이 인간의 일상을 지배했었다. 전염병과 비대면 삶이 바꿔놓을 공간의 미래는 어떤 모습일까? 코로나19 시대를 겪으며 건축가는 '밀도'에 대한 고민을 주로 했다. 넓은 공유공간을 없애고 사용자 사이의 차단이 필요한 경우, 정확히 차단될 수 있도록 생활 공간을 변화시켜야 한다는 결론이다.

기존 건축물의 넓고 고정적인 평면 형태는 자연 환기에 쉽지 않다. 많은 사용자의 집중을 불러일으킬 수 있다. 가변형 모듈은 공간 사용자 밀도를 낮춘다. 공기 공유 여건을 줄여 감염증 확산 위험을 감소시키고, 조립식 모듈의 사용을 통해 원하는 공간 형태를 이루어낼 수 있다. 결국, 가변형 모듈은 수직 형태로 길게 뻗어 있는 동선을 군데군데 차단하면서 감염병 확산을 차단할 수 있는 것이 장점이다.

언 콘택트 시대라는 주제가 바로 눈앞에 다가왔고, 건축과 공간 디자인 또한 그러한 변화의 리듬 속에 있다. 코로나바이러스를 예방하는 백신이 개발되었다고 해도, 또 다른 바이러스에 대한 두려움으로 건축물은 변화할 것이다. 공기를 제어하는 환기 시스템 영역에 대한 영향도 예상된다. 설비 시설의 진화 또는 스마트화도 변화의 한 축이다.

코로나19 이전에는 우리 건축과 건축 문제와 실상에 대해 냉정히 해석하며 대응 방안을 모색해 본 적이 없었다. 만약 있었다면 그것은 일시적이었을 것이다. 이 점을 인정하고 접근해야 한다. 우리의 지난날 건축 형태는 인간 삶과 사회문제를 상세히 정의하며 합리적인 해법을 모색하지 못했다. 국토 차원에서 인프라를 조성하고 대량으로 주거를 공급해야 한다는 거대 목표를 수행하기에 급급했다. 이 같은 측면을 부인할 수 없다.

코로나19를 통해 우리가 실질적으로 맞이한 현실적인 문제와는 사실 별 상관없다. 코로나19 전부터 있어 온 건축의 문제를 해결하는 것에 아무런 도움이 되지 않을 것이다. 왜냐하면 '건축 행위'와 '좋은 건물을 공급하는 행위'는 별개이기 때문이다. 좋은 건물과 공간을 디자인하고 지음으로써 이것을 우리 사회에 공급하는 행위는 코로나19 등의 사회적 이슈와 상관없다. 이것은 이미 주어진 문제다.

결국, 건축에 요구되었던 중요 개념은 코로나19 이후에도 요긴하다. 자연에 대한 접촉 기회를 높일 수 있는 자연적 요소 도입, 유연한 공유공간, 공간의 활용성, 지속가능성 등 우리에게 필요한 생각은 지속해서 적용될 것이다. 또 친환경, 에너지 절약형 건축에 대한 수요도 높아질 것이다.

시공 방식의 변화도 예측된다. 공장에서 기계로 생산해서 배달하여 설치하는 방식으로 달라질 것이다. 즉 사람이 현장에서 모여 건축하는 방식에서 공장에서 기계가 조립 생산하여 현장에 운반 설치하는 방식으로 바뀔 것이다. 현장 여건에 맞춰 만들어진 것을 간편하게 조립하는 시스템의 보편화가 예상된다.

정치인은 정치가 늘 변한다고 한다. 그래서 이 사실을 '정치는 생물'이란 말로 표현한다. 아마 김대중 대통령이 한 말인 듯하다. 세상에 변하지 않는 것은 없다. 건축 또한 변화한다. 정치가 생물이듯 건축도 생명체처럼 변화가 생겨난다. 그것은 근본적으로 시간의 경과 때문이며 건축을 둘러싼 삶의 세계가 변하기 때문이다. 미래 건축은 시대적 흐름에 따라 변화한다. 도시도 변화에서 자유로울 수 없다.

도시의 변화

코로나19는 문명사적 전염병이자 세기적 전환점이 되었다. 대재앙은 도시와 건축의 구조를 크게 변화시켰다. 대표적인 것이 중세의 페스트였다. 페스트 확산의 원인으로 좁고 불결한 도로가 지목되면서 그 이후에는 기하학적 도시로 변화되었다. 1918년에 발생한 스페인독감은 세계 인구 3분의 1을 감염시켜, 대도시의 열악한 공간 주조를 급격히 변모시켰다. 이것이 모더니즘 탄생의 계기가 되었다.

프랑스 파리는 최초로 하수도 시스템을 도입하여 전염병에 강한 도시로 만들어졌다. 하수도로 인해 장티푸스나 콜레라 같은 병으로부터 자유로워졌다. 유럽 전역에 전염병이 돌 때, 파리에 가면 살 수 있었기에 돈 많은 사람이 파리로 모여들었다. 부자에게 그림을 팔기 위해서 화가가 모였고 이렇게 되어 파리는 문화의 중심 도시가 되었다.

19세기 영국은 과밀화된 도시의 열악한 위생 수준으로 인해 질병이 창궐했다. 특히 콜레라가 영국을 강타하면서 기존에 없던 배관·하수 시스템 등 현대 도시를 지탱하는 위생 인프라가 구축되었다. 이처럼 도시 공간은 위기를 마주하고 대응하며 끊임없이 재편되었다. 21세기에 접어들어 사스(SARS)와 신종인플루엔자, 메르스(MERS), 코로나19를 연달아 겪으면서 도시 공간은 또다시 변화의 시점에 이르렀다. 특히 코로나로 인해 새로운 변동을 거부할 수 없다.

코로나19 이후 도시 모습은 어떻게 달라질지 궁금하다. 먼저, 공원의 변화를 꼽을 수 있다. 주택이란 한정된 공간에서 외부로의 공간 이동이 자연스럽다. 그러므로 자연과 어우러진 휴게 공간을 선호하게 되었다. 집에만 머물러야 하는 답답함을 해소하기 위해 실외와 탁 트인 자연 공간인 공원의 이용률이 높아졌다. 통계자료에 의하면 51%나 증가하였다. 도시 사이사이에 녹지를 집어넣어 최대로 조성하는 방법은 전염병 확산 예방도 가능하며, 공원 이용도 쉽게 만든다.

코로나19와 같은 전염병뿐만 아니라 홍수나 지진 등 재해에 강한 도시와 주택이 필요하다. 김세용 서울주택도시공사 전 사장은 기후변화 등으로 재난 예측이 불가능한 지금은 일단 발생한 재난을 빠르게 원상 복구해 놓는 구조의 필요성을 언급한다. 그는 회복 탄력 정도의 의미인 '리질리언스(resilience)'의 개념이 주택과 도시건설에 들어가야 한다고 한다.

첨단기술의 활용도가 높아진 스마트시티로 진화할 것이다. 예전과 달리 재택근무를 주 업무 형태로 전환한 기업이 늘어나면서 업무 지역과 주거지 간 물리적 거리의 중요성이 많이 퇴색되었다. 따라서 업무지에 직접 가지 않더라도 업무 수행이 가능하도록 도와주는 첨단기술이 더 중요해졌다. 무인 기술, 인공지능, 로봇 배송과 같은 첨단 시스템이 원활히 돌아가는 도시로 변화할 것이다.

도시와 건축은 기존 사회와 제도에 근간을 두기 때문에 급격한 변화는 쉽지 않다. 그렇지만 우리 주변의 크고 작은 변화가 쌓이면 해답을 찾을 수 있다. 그것은 공원, 산책로와 같은 공유공간을 뜻한다. 공공성을 가진 장소가 매력적인 공간으로 주목받을 것이다. 이처럼 균질화에서 벗어난 장소가 많아져 우리 삶이 풍요로워지고 도시는 활력으로 넘칠 것이다.

AI 시대의 건축

 우리는 건축물이 우리를 꾸며주고 아름답게 해주고, 품위 있게 해주고 기분을 전환하고 즐겁게 해주기를 원한다. 건축물이 무언가를 제안하고 자기 일이 돌아가게 해주기를 바란다. 건축물이 편안함, 자유스러움을 가져다주기를 원한다.

 건축은 과학과 긴밀한 연관성을 갖는다. 건축이 과학에 영향을 준 부분도 있지만, 과학에서 받은 영향이 더 크다. 건축이 과학에 의존하는 이유는 에너지를 소비하는 영역이 큰 부분을 차지하기 때문이다. 예를 들면 과거에는 산업구조가 지극히 단순했기 때문에 에너지 소비 원으로 건축, 곧 공간이 차지하는 부분은 아주 미미했다.
 그러나 산업혁명 이후 공간이 더욱 세분되고 토지 활용도보다 그 밀도가 높아지면서 에너지 소비 원이 큰 비중을 차지하게 되었다. 그래서 건축의 에너지 소비 문제가 사회문제로 주목받았다. 또한, 과학의 발전 속도가 너무 빨라 에너지 소비문화 해결은 건축만의 단독적인 영역으로는 불가능해졌다. 이것이 바로 건축이 과학의 도움을 받을 수밖에 없는 이유다.
 특히 IT(정보기술) 발달은 건축물에 지능을 더해주는 스마트한 건축을 탄생시켰다. 컴퓨터 프로그램을 사용해 원거리 관리가 가능해지고, 건축물 자체가 자신을 관리하는 시스템이 만들어짐으로써 건축 발달에 큰 변화를 가져왔다. 한편 IT 비중이 점차 확대됨에 따라 건축에서 인간의 감성이 사라지는 문제점 또한 야기되었다. 따라서 인간을 담는 공간으로써 건축의 의미를 기억하는 것이 미래 스마트 건축의 과제라 할 수 있다.

현대 도시는 물질적 욕망을 부추기거나 그것에 종속되어 시각적으로만 풍부한 표면적 건축과 도시 환경이 아니라, 정신적 풍부함을 가져다주는 건축을 중요시한다. 이것이 바로 '근원을 아는 기술자의 기술'이라는 건축의 진정한 의미를 다시 언급하는 까닭이다.

AI(인공지능)는 설계부터 시공까지 건설 분야에서 다양한 상황 속에서 활용되기 시작했다. 미래에는 AI와 로봇을 융합한 새로운 기술, 3D 프린터 활용, 드론 기술의 적용으로 건설 현장이 크게 바뀔 가능성이 크다.

건설 기술의 변화

3D 프린터를 사용해 지금까지 실현이 불가능하다고 여겨졌던 복잡한 구조를 만들어 낼 수 있어, 설계상의 조건을 충족하면서도 디자인성을 높일 수 있다. (모에치 마사토시, 나가야 요시아키 저, 이원, 이동훈 역, 『인공지능 혁명』, 도서출판 북스힐, 2021, p.143)

AI 기술은 일반인에게 건축가의 능력을 부여해 누구나 건축가가 될 수 있는 길을 열 것으로 예측된다. 스케일(주) 하태석 대표는 "전통적인 건축의 업에서 벗어나 건축의 범위를 넓혀가야 한다. 요즘 내가 준비하는 일 중 하나는 일종의 비대면 건축 프로젝트의 론칭이다. 프로젝트에는 AI와 알고리즘을 활용한 비대면 건축 설계와 '제조로서의 건축'이 포함되어 있다."고 한다.

건축가의 경쟁자는 마인크래프트다

가장 전문적인 분야이고 누구도 건들지 못한다고 생각한 건축계가 예상치 못한 데에서 무너지고 있다. 바로 마인크래프트와 같은 게임이다. (하태석, 「건축가의 경쟁자는 마인크래프트다」, 월간 디자인, 2020.6.17.)

삶의 배경이 되는 건축물 역시 변모한다. 건축가로서의 업은 삶의 변화와 함께 항상 변해왔고 지금도 그렇다. 최근에는 많은 이들이 디지털 세상을 말하지만, 너무 많은 이야기와 이미지로 어지럽다. 그러므로 언와이어드(unwired) 인간은 더욱 자연이 필요하다. 즉 자연을 가까이하는 삶, 자연과 조화되는 건축, 자연 친화적인 건축이 요구된다.

AI와 첨단기술의 보급이 증가하면서 인류는 자율성과 자유를 상실할 수 있고, 잠재적으로는 인간의 멸종을 초래할 수도 있다. 관련 분야 학자는 이것을 경고한다. AI는 이미 전례 없는 속도로 발전하고 있으며, AI의 윤리적 함의와 AI가 직업, 프라이버시, 보안에 미치는 영향이 우려된다. 하지만 AI 시대에도 건축의 본질적인 정신은 인간(human)이며, 인간적인 건축이 미래의 삶을 윤택하게 만들 것이다. 그러므로 인간을 위한 건축 개념이 중요하다.

좋은 건축을 위한 각성

세월호 참사와 경제 논리

 너무나 가슴 아픈 일이라 세월호를 다시 불러내고 싶지 않다. 그 많은 생명이 한순간에 무참하고 억울하게 희생되고 말았으니, 가족의 비통한 슬픔은 말로 표현할 수 없다. 모두의 가슴에 멍이 들지 않을 수 없다. 세월호 참사는 사회가 병든 것을 알리는 징후였다. 안전 불감증 사회를 단적으로 드러낸 동시에 국민의 생명을 보호하지 못한 무책임한 정부의 민낯을 보여주었다.

 세월호 참사가 있기 불과 두 달 전에 경주 마우나 리조트 붕괴 사고가 일어났다. 문제는 이런 재난이나 사고가 불행하게도 되풀이된다는 점이다. 조선(操船)은 영어로 쉽아키텍처(ship architecture)로써 광범하게 얘기하면 세월호 사건은 건축적 사고이다. 프리드리히 헤겔(Georg Wilhelm Friedrich Hegel)은 어딘가에서 모든 위대한 세계사적 사건과 인물은 두 번 재현된다고 말한다. 그는 한 번은 비극으로 그다음은 참담한 희극으로 나타난다고 한다.

 하지만 헤겔의 말은 정확히 일치하지 않는다. 우리 주변에서 일어나는 건축적 사건과 부실시공, 사회적 참사와는 부합하지 않는다. 물론 세계적인 사건의 크기와 정도를 무엇으로 가늠해야 할지 알 수 없지만, 세월호 참사, 이태원 참사 정도면 해외 토픽을 장식하고도 남는다.

 삼풍백화점 붕괴 사고부터 2021년 1월의 광주 화정아파트 붕괴 사고까지 크고 작은 건축적 사건 사고가 너무나 자주 발생했다. 그 횟수가 많아 가늠하기 어렵다. 그래서 헤겔의 말은 일치하는 예도 있겠지만 전적으로 우리 건축 현장에서 벌어지는 일들과는 다르다. 그 다름이 결코 유쾌한 내용이 아니라 즐거워 할 수 없다.

 건축비평가 겸 건축가 이경창은 "전근대적 참사가 오늘날에도 반복되는 것은, 근대화에 대한 정치적 향수 때문에 비인간적인 성장 중심의 근대화가 '신자유주의'와 더불어 부활한 탓이라고 말할 수 있다."고 한다. 우리 주변에서 일어나는 건축 사고와 사건은 비인간적인 발상과 경제 논리만 추구하는 탐욕 때문에 발생했다.

 오직 경제 논리, 이기적 욕심에 의해 건축과 사람을 도구화하는 삐뚤어진 양심 때문에 무고한 희생과 부조리가 난무하고 있다. 자신의 욕망에 따라 이익만을 챙기는 사람, 건축에 대한 의지나 생명을 존중하지 않는 사람, 이들에겐 영혼이 없다. 사람과 생명에 대한 배려나 존중이 있을 수 없다. 물론 건축 현장의 구조적 문제를 접어 두고서 말이다.

신자유주의와 경제 논리
지책은 오로지 돈이 지배하고, 이를 중재할 정치가 부재한 신자유주의 시장 관계에서, 사람들은 '도착적'이 된다고 말한다. (이경창, 『두 죽음 사이의 건축』, 건축평단, 2016, p.184~185)

이종건 교수는 세월호 참사는 우리 사회가 '좋은 삶'의 문제는 도외시한 채 물질적 성장만 '빨리빨리' 추구해 온 결과라 한다. 우리의 '좋은 삶'을 떠받치고 있는 옳고 정확한 것, 윤리적인 것, 아름다운 것을 내동댕이쳤다. 개인적 이해타산에 기초한 성장 중심 사회는 99%에 속한 사람에게 노예의 삶을 강요한다. 그의 적확한 말에 동의하지 않을 수 없다.

우리의 건축을 말할 때 세월호 참사가 떠오른다. 건축물 붕괴 사건이 자연스럽게 상기된다. 세월호 참사 이후 사회의 기본 구조를 근본적으로 바꾸어야 한다는 목소리가 커졌었다. 건축 분야도 그러했다. 건축으로 인해 발생한 큰 사건으로 인해 일시적으로 근본적 대책을 마련한다거나 구조를 바꾸어야 한다는 의견이 많았었다.

하지만 오늘날에도 발생하는 사례를 보면 변화된 것이 없다. 작금의 현실이 그러하다. 그래서 세월호를 소환하지 않을 수 없다. 벌써 10여 년 전의 일이지만 그 당시에도 각계에서 반성과 성찰을 외쳤다. 하지만 건축계에서는 침묵을 지켰다. 그러한 침묵은 현재의 건축 실상을 내버려 둔 것이 아닌가 되묻지 않을 수 없다.

그 당시 실상은 '이것이 과연 국가란 말인가?'란 서강대학교 교수 시국선언문에 잘 나와 있다. 그 어떤 사설이나 논조보다 더 정확하게 표현하였다. 레프 톨스토이(Leo Tolstoy)의 '국가는 폭력이다'라는 말처럼, 국가는 국민을 보호하지 않으며, 오히려 폭력을 가하는 집단인 줄 모른다.

세월호 참사는 우연한 사건이 아니다. 우리 사회의 고질적인 문제가 참혹한 형태로 터져 나온 것이다. 문제의 핵심은 인간과 생명보다 돈과 이윤을 우선시하는 고삐 풀린 탐욕스런 자본주의와 이를 추종, 수용해온 모두에게 있다. 우리 사회에는 무한 경쟁 속에서 자기 이익만을 추구하는 것이 행복의 첩경이라는 환상이 팽배해 있다. 개인, 집단, 국가 이익의 극대화 그리고 물질적 풍요와 소비가 지상 목표가 되었다. 물신이 지배하는 사회임이 분명하다.

우리의 건축 현장에서도 인간과 생명보다는 돈과 이윤을 중시하는 과도한 자본주의 심리가 팽배해 있다. 이에 따라 부조리, 부실시공이 일어난다. 부실시공은 여전히 진행 중이며 잠재된 그런 일이 아직 발생하지 않았을 뿐이다. 언제 어느 곳에서 발생해도 놀랍지 않다. LH가 발주한 철근 누락 아파트는 어떻게 될지 아무도 모른다. 남의 이야기가 아니다. 내가 사는 아파트가 아니길 기도하며 무너지지 않기를 바랄 뿐이다. 언제 찾아올지 모르는 우리의 미래가 불안하다.

책임 의식과 좋은 이익

건축 생산에는 비용이 든다. 이 비용, 돈으로 인해 여러 가지 문제나 범죄가 발생한다. 건축가 함인선은 건축적 인재에는 비용이 관여된 것을 하나의 수식으로 표현한다. 그 수식은 'Pa×Ma 〈 Pu

×Mu'(Pa, Ma : 잡힐 확률과 잡힐 때의 대가, Pu, Mu : 잡히지 않을 확률과 이때의 보상)이다. 국가가 인재, 즉 범죄를 막는 방법도 이 수식에 들어 있다. 발각될 확률을 높이거나 대가를 아주 세게 치르는 방법이다.

그런데 발각될 확률을 높이기 위해서는 막대한 사회적·행정적 비용이 든다. 그러니 쉬운 방법이 처벌 수위를 높이는 것이다. 그런데 이것도 임계점이 있다. 결국, 약간 개선된 대책에 의해 약간 높아진 위험을 감수하려는 새로운 범죄가 등장한다. 그 결과 똑같은 사고가 반복되어 일어난다.

범죄의 심리와 원리

모든 구조물에는 1.5에서 2.0에 이르는 안전율 여유치가 있다. (중략) 이 내용을 아는 자들은 안전율이 1.0 근처에 갈 때까지 빼먹고 천재지변이 오지 않기를 바란다. (함인선, 『정의와 비용 그리고 도시와 건축』, 마티, 2014, p.7)

안전에 대한 모든 규제는 선의로 만들어지지 않는다. 그것은 막대한 비용을 수반하기 때문에 희생, 목숨을 요구한다. 대형 참사가 건축 및 건설과 관련이 있다는 점도 의미하는 바가 크다. 건축 분야는 왜 이럴까? 한 마디로 도덕 및 안전 불감증, 이기적 욕심, 책임 의식 부재가 원인이다. 식물처럼 소비자가 금방 알 수 있는 영역도 아니니 부실이 쉽게 드러나지 않는다.

건축으로 인한 적정 이익에 대한 논란이 분분하다. 지금까지 건축 시공을 주도해온 건축업자와 부동산 관계자의 논리와 이익, 입장보다 인간을 배려한 시공, 질 높은 품질이 요구된다. 물론 그들의 논리, 이익, 입장을 무시할 수 없다. 당연히 존중되어야 한다.

그들의 입장과 논리는 적정 이익으로 보장된다. 여기서 중요한 것은 적정 이익이지만 이에 대한 의견이 욕심의 크기만큼 입장에 따라 각기 서로 다르다. 적정 이익의 기준이 없기에 그러하다. 적정이란 그 사회가 심리적·경제적으로 인정하거나 공감할 수 있는 정도를 뜻한다. 단 그 이익을 상호 인정하고 만족하면 그것이 적정 이익이다. 계약에는 신뢰와 약속이 담겨 있다. 계약에 근거한 정당한 이익을 말한다. 나쁜 이익을 강요하거나 바라지 말아야 한다. 좋은 이익과 적정 이익을 보장해야 한다. 품질과 신뢰가 충족되어 적정 이익에 대한 상호 다툼이 없어야 한다. 이것이 공평하다.

우리 시대 건축은 살상 도구이다. 부실시공으로 죽이고, 불이 났는데 통로를 막아 죽이고, 철거 건물 주위를 지나도 죽인다. 아이들이 이리저리 부딪쳐 다치게 만들고 눈이 왔다고 무너져서 죽인다. 건축 대개조만이라도 해서 원치 않는 죽음을 막는 사회를 만들어야 한다. 지식인인 건축가가 해야 할 사회적 소명이다.

건축하는 이유와 책임

　이나모리 가즈오(稻盛和夫)는 경영의 신이라 불리는 일본의 기업가다. 건축하는 사람, 경영자라면 그의 인생관, 철학, 사업하는 이유, 사업가의 마음 자세 등을 배워야 한다. 아니 그의 태도와 마음을 자신의 것으로 만들어야 한다. 오죽했으면 경영의 신이라 했겠는가.

　이나모리의 가르침은 주옥같다. 그는 『왜 사업하는가』라는 책에서 "경영이라는 것은 경영자의 그릇만큼만 자란다."고 한다. 기업을 발전시키기 위해서는 그 경영자가 인간적으로 성장하지 않으면 안 된다. 특히 중소기업에서 경영자가 가진 영향력은 상상 이상이며, 경영자의 판단이 경영을 좌우하고, 직원 운명을 결정한다. 그리고 최종적으로 경영자의 판단을 이끄는 것은 경영자의 인간성이다. 인간의 정신, 사고, 마음을 말한다.

　그래서 경영자는 가장 먼저 자신의 그릇을 키우도록 노력해야 한다. 인간으로서 어떻게 살아가야만 하는가, 경영자가 "스스로 뜻과 정신을 높이 둔다."는 것은 배우고 실천하며 인간적인 성장을 이룬다면, 그것이 바른 판단을 끌어내고 결국 기업은 성장하고 발전한다.

　그의 가르침의 핵심은 단 하나 "뜻을 높이고, 경영을 발전시킨다."는 것이다. 인간으로서 무엇이 올바른 것인가를 찾아 투혼의 자세로 고민하고 배우는 것이 중요하다. 투혼이란 끝까지 투쟁하려는 기백을 말한다. 또 이타적인 마음보다는 아름다운 마음을 가져야 한다. 그의 가르침은 인간에 대해 자세와 기본을 생각하게 만든다.

인간의 올바른 마음

"인간으로서 무엇이 올바른 것인가"라고 하는 것을 항상 자신에게 묻고, 올바른 것을 올바른 그대로 관철해, 그 성공이 오래 지속되도록 해야 한다. (이나모리 가즈오, 『왜 사업하는가』, 다산북스, 2017, p.125, 171)

'인생이라는 것은 무엇인가? 인생을 어떻게 살아야 하는가?'라는 것을 자신에게 묻고 뜻을 높게 갖도록 노력해야 한다. 이를 통해 경영 능력을 신장하는 데 온 힘을 쏟아야 한다. 단 한 번뿐인 인생에서 훌륭한 생활 방식을 갖추고 경영하는 노력을 통해, 직원과 그 가족은 물론이고 사회를 위해, 세상을 위해 공헌하는 마음이 경영자에게 필요하다.

사업, 즉 경영은 이 세상의 한구석을 밝게 비추는 일이다. 건축하는 것이 얼마나 좋은 일인가. 하고 싶은 일을 하면서 돈을 벌고 좋은 일, 작품도 할 수 있는 하나뿐인 직업이다. 소망을 마음속에 그리는 자세의 문제이다. 마음에 떳떳하지 못한 탁함이나 더러움이 있으면 좋은 성과를 낼 수 없다.

일에서도 사업에서도 동기가 순수하면 반드시 잘 풀린다. 사심을 버리고 사람을 위해 좋은 것으로 판단하고 행동하면 누구도 막을 수 없다. 좋은 건축을 한다면 일은 얼마든지 있다. 누군가가 일을 맡기기 이전에, 하늘이 도와준다. 마음먹는 방식의 차이다. 순수한 마음으로 사업에 임해야 한다.

하나의 건축물을 만들어가는 과정에서 수많은 선택과 가치관이 등장한다. 건축이 형태와 기술만의 문제가 아닌, 결국 '어떻게 살 것인가'에 대한 문제이다. 또한, 추상적인 개념뿐만 아니라 그것을 어떻게 구현하고 성립시킬 것인가에 대한 구체적인 방법론과 비용이 필요하다. 건축하면서 만나게 되는 무수한 외부적 접점은 건축을 단순히 '짓는 행위'에 국한하지 않는다.

부실시공으로 건축물이 붕괴하는 참사가 발생할 때, 우리는 그것을 단순한 사고로 넘기지 말고, 삶과 건축을 근본적으로 반성하는 계기로 삼아야 한다. 그때까지는 근본적으로 다른 가치와 의미에 기초해서 건축의 정신을 다시 세워야 한다. 그것은 인간에 대한 존중, 생명에 대한 존중이다. 좋은 건축, 즉 인간을 위한 건축을 해야 한다.

우리는 건축하는 방식을 근본적으로 반성하고 새롭게 기획하지 않을 수 없다. 인간적인 삶이 침해받고 급기야 생명을 유린당하는 구조를 보면서도, 마치 아무 일도 일어나지 않은 것처럼 각자도생에 몰두한다면, 그것은 건축의 사회적 책임을 저버린 것이다. 또한, 인간성을 전적으로 폐기한 것이다. 지금의 우리 삶이 잘못되어도 한참 잘못되었다. 당신이 건축하는 이유는 무엇인가? 왜, 무엇을 위해 건축하는지를 진지하게 묻고 또 물어야 한다. 해답은 그 물음 속에 들어있다.

건축의 목적과 신뢰

건축은 삶의 시스템을 만드는 것이라 한다. 즉, 사는 방식, 삶을 만드는 것이 건축이라는 의미이다. 건축한다, 짓는다는 뜻은 어떤 재료를 가지고 생각과 뜻, 마음을 통해 전혀 다른 결과로 변화시키는 수고이다. 알바 알토가 말했듯, 건축가의 궁극적인 목적은 '낙원을 창조하는 것'으로서 모든 건축적 산물은 마땅히 사람을 위해 지상천국을 짓고자 하는 노력의 결실이다.

건축은 건축가 한 사람이 다 할 수 있는 일이 아니다. 건축주와 자본이 있어야 하며, 구조나 설비 등 다른 분야 엔지니어의 협력이 필요하다.

시공이라는 대장정을 거쳐야만 비로소 삶을 담는 건축이 만들어진다. 어렵고 힘든 과정을 겪어야 한다. 이런 과정에서 건축가가 처음 가진 생각을 끝까지 유지할 수 있어야 목표로 하는 성과를 얻을 수 있다.

건축가는 건축 과정에서 수없이 많은 장애와 예측 불가능한 요소로 인해 상처투성이 결과를 보고야 만다. 그 상처투성이 건축이 감동을 준다면 애초의 모습은 대단히 숭고한 아름다움을 갖는다. 사회구조가 후진적일수록 협업과 프로세스는 모순과 비상식으로 얽혀서 그 결과는 참담하다.

건축가에게 주어진 직업적 의무는 좋은 건축을 추구하는 것이다. 좋은 건축의 목표는 인간의 가치를 높이고 삶의 기여에 대한 확신이다. 우리의 선함과 진실함, 아름다움을 날마다 새롭게 발견하고 느끼게 하는 건축이 좋은 건축임에 틀림이 없다. 좋은 건축은 우리가 걸어가야 할 길이며 인간을 위한 것이다.

건축가의 노력은 그 방향으로 계속 나아가 자신의 위치나 목표에 도달하는 것이다. 수상포덕(守常抱德)은 "항상 됨을 가지고 덕을 품는다."라는 뜻이다. 나날의 일상에 충실하고 덕스러운 마음으로 자기 길을 가야 한다. 류시화의 시처럼 건축하는 한 사람이라도 진실하면 충분하다. "모든 새가 날아와 창가에서 노래해야만 / 아침이 오는 것은 아니므로 / 한 마리 새의 지저귐만으로도 / 눈꺼풀에 얹힌 어둠 밀어낼 수 있으므로" 한 사람의 진실로 좋은 건축을 할 수 있다. 모두가 진실할 수 없지만, 세상에 필요한 것은 단 한 사람의 진실함이다. 인간을 위한 진실한 건축을 하는 것이다.

좋은 건축을 만들기 위해서는 신뢰의 문제가 중요하다. 리카르도 레고레타(Ricardo Legorreta)는 "건축가의 근본은 꿈을 꾸는 법을 아는 것이다."라고 했다. 건축가는 순수한 영혼을 가져야 하고, 단지 건축물을 디자인하는 것을 넘어 감동하게 할 수 있는 공간을 창조해야 한다. 건축을 선택했다면 성실하게 헌신하는 것이 건축하는 이의 진실한 태도다. 건축가의 임무는 좋은 건축, 인간을 위한 건축을 만드는 것이다.

건축의 투명성과 정확성

우리 사회에서 철근을 누락시킨 부실 공사로 '순살자이, 통뼈캐슬'이란 용어도 등장했다. 부실 건축을 조롱하는 것으로 부끄러움과 자괴감을 피할 수 없다. 이것은 건축 문화를 선도해야 할 주무 관청과 대기업에서 철근을 빠뜨린 부실시공을 저지른 탓이다. 건축 발전을 이끌고 국민 안전을 보장해야 할 당사자가 비난의 대상이 되었다.

부실 공사와 전면전을 치른다는 각오로 모든 역량을 집중하겠다는 서울시의 노력이 눈물겹다. 광주, 이천, 인천, 서울 등 아니 전국적으로, AI 시대가 임박한 이 시점에 부실 공사로 건축하는 사람은 비난의 당사자가 되고, 건축은 혐오의 대상이 된다. 건축하는 사람의 명함을 떳떳하게 내밀 수 없다.

서울시는 국내 최초로 건설 현장의 모든 시공 과정을 동영상으로 촬영해 관리하는 시스템을 도입했다. 공사비 100억 원 이상의 공공 공사장을 대상으로 시범 시행 중이며, 2024년부터 100억 원 미만의 공공 공사와 민간 건축 현장으로 확대할 계획이다. 지역이나 건설사와 관계없이 잇따르는 부실 공사 논란과 관련해, 관리 감독기관으로서 서울시가 강경 드라이브를 건 것으로 해석된다. 동영상 촬영은 과정의 질을 높이고 시공의 투명성을 확보하는 방안이다. 이 방안 적용을 위해서는 비용이 반영되어야 한다.

국토부는 2023년 9월 건설사를 대상으로 한 시공능력평가 기준이 안전과 품질을 강화하는 방향으로 개편하는 안을 발표했다. 중대재해처벌법으로 유죄가 확정될 경우 시공능력평가액은 공사실적액의 10%만큼 깎인다. 부실 공사로 벌점을 받으면 생기는 페널티(감점)도 확대된다. 인천 검단 아파트 사태 등 최근 부실시공과 품질에 대한 우려가 커지면서 건설업계의 자정 노력을 유도하기 위해서다.

부실시공, 하자로 영업정지 처분받으면 기존엔 정지 월수에 1%를 곱한 비율만큼만 감점되었으나, 2025년부터는 2%가 감점된다. 불법 하도급으로 영업정지를 받는 경우도 새롭게 감점 요인에 추가된다. 부실시공에 따른 벌점은 앞으로 1점만 받아도 감점이 되고, 최고구간인 15점 이상의 벌점을 받을 시 적용되는 감점 비율도 기존 3%에서 9%로 확대됐다. 최대 감점 비율을 3배 확대한 것으로 그만큼 부실시공에 대한 페널티가 강화되었음을 의미한다.

이와 같은 조치가 얼마나 경각심을 불러일으킬지 모른다. 하지만 적정한 결단으로 평가되며 건설업체는 기존의 낡은 관점을 버리고 새롭게 전환해야 한다. 사람이 죽는 부실시공을 한 업체는 면허를 취소시켜 사업을 하지 못하게 해야 한다. 더 강력한 조치가 필요하다. 부실 공사를 하거나 기술 경쟁력이 없는 업체는 시장에서 퇴출해야 한다. 건축 업계의 재편을 통해 강도 높은 구조조정이 이루어져야 한다.

새로운 건축

또다시 생명

생명의 신비는 우리 삶을 떠받쳐주는 주초(柱礎)이다. 생명을 존중하는 마음은 하나의 느낌이나 자세가 아니다. 그것은 온전한 삶의 방식이고 우리 자신과 둘레의 수많은 생명체에 대한 인간의 신성한 의무이다. 생명에 대한 동질감, 경외심을 품어야 한다. 생명은 아름다운 것이며 삶만큼 진실한 것은 없다.

생명체는 에너지 순환 속에서 만들어진다. 생명이 무생물과 구별되는 차이점은 에너지 흐름이 있느냐 없느냐다. 이렇듯 모든 생명은 태양에너지 흐름을 이용해 생명성을 만들어낸다. 생명을 가진 모든 것은 살아남기 위한 욕망을 가진다. 일종의 생존본능으로서 이러한 본능이 없는 생명은 없다. 이런 생명체를 함부로 꺾거나 죽게 한다면 큰 허물이 될 것이다. 결과적으로 나 자신 속에 들어 있는 생명의 씨앗이 그만큼 꺾이고 시들게 된다.

생명의 뿌리

살아 있는 모든 생명체는 살기 위해서 이 세상에 있다. 따로 이유나 목적이 있을 수 없다. 살아 있음 그 자체가 신성한 이유요. 목적이다. (중략) 왜냐하면 모든 생명의 뿌리는 하나이기 때문이다. (법정, 『오두막 편지』, 이레, 1999, p.119)

건축물과 사람의 신체를 대비해 보면, 건축물은 설계될 때 임신하고 지어질 때 태어나고 서 있을 때 살아 있고, 나이 들거나 불의의 사고로 죽는 것이 사람과 유사하다. 건축물은 창문이라는 입으로 공기조화 시스템이라는 폐를 통해 숨을 쉰다. 또 파이프라는 핏줄과 정맥을 통해 액체를 순환시키고, 전선이라는 신경 시스템을 통해 모든 부분에 메시지와 에너지를 보낸다.

건축물은 시간의 흐름 속에 지어지며 거주하는 것이고 물질과 공간, 빛, 이미지를 통해 자신을 드러낸다. 건축물의 의미와 용도는 고정적이지 않으며 통제할 수 없다. 『좋은 건축의 10가지 원칙』의 저자 루스 슬라비드(Ruth Slavid)는 "건축물은 현대 사회의 가장 복잡한 대상이다."라고 한다. 건축물은 시간을 견디며 살아낸 생명체이다.

살아 있다는 것은 아름답다. 살아 있다는 것에 대한 인식 이상의 진실은 없다. 그래서 슬픔의 고통까지 껴안으며 살아가는 것이다. 생물이 생존하는 것은 순리적 이치일 뿐 아니라 지구 자체가 거대한 생명체로서 모든 생물, 생명과 불가분의 관계에 있다. 지구와 모든 생명은 공동체이며 같은 운명이다.

생명의 존중

오랜 옛적부터 우리 민족 본래의 사상, 더 깊이 근원을 찾아가면 샤머니즘의 그 생명 공경의 사상에서 비롯된, 잠재적인 것이 아니었을까.

(박경리, 『생명의 아픔』, 마로니에북스, 2016, p.13)

발터 벤야민(Walter Benjamin)은 "사람이 단순한 생명이 될 수 없다"라고 했다. 하지만, 이 말이 무색하게 생명의 가치는 정치적이고 금전적인 권력의 이득으로 바뀌었다. 이것이 우리 사회의 가장 큰 문제점이다. 생명의 가치를 무시하고 이윤추구에 매달리는 세태가 현대 사회에 팽배해졌다.

삶의 기본적인 진리는 이웃을 해치지 않아야 한다는 것이다. 여기에는 사람뿐 아니라 온갖 형태의 생명이 포함된다. 이 세상에 있는 모든 존재는 그 자신의 방식으로 자기 삶을 살아갈 권리가 있다. 그래서 나만의 편의나 이익, 욕심을 위해 남을 해치거나 통제하거나 지배해서는 안 된다.

건축물을 만드는 목적은 공간을 형성하는 것이고 인간이 그 공간 안에서 안락함을 느끼게 하는 것이다. 인간의 존재 가치는 생명이다. 소통은 모든 것에 생명의 의미를 부여하면서 본격적으로 시작된다. 즉 대상들도 호흡을 시작해야 하고 인간의 존재를 통해 동질감을 부여받아야 한다. 이를 가능하게 하는 것이 바로 건축 설비다. 건축 설비는 건축물에 생명을 불어넣는 장치다.

건축은 우리 삶과 생명과 관계된 소중한 것이다. 생명과 삶의 터전은 중요한 것이 아니라 귀중한 것이다. 모든 생명은 신성하다. 건축의 목적은 인간 존중에 있으며 인간 존중을 실현하는 것이 건축의 정신이다. 인간에 대한 존엄적 가치를 높이는 방법으로 건축을 설계하고 만들어야 한다. 모든 것은 인간에 의한, 인간을 위한 것이므로 인간적인 건축을 실천해야 한다.

부실 건축, 건축의 문제로 시끄러운 이때, 우리 사회가 그간의 이윤 지상주의, 생명 경시 주의를 반성하고 생명과 안전을 중시하는 '생명 안전 사회'로 탈바꿈해야 한다. 건축에 대한 가치와 중요성, 생명과 인간 존중, 안전과 비용에 대한 문제를 논의해야 한다. 지금이 절호의 기회이다.

또다시 자연

폴 세잔(Paul Cézanne)은 인간의 시선 속에는 두 개의 자연이 자리한다고 보았다. 하나의 자연은 눈에 보이는 것으로서 외부로부터 우리를 감싼다. 그것은 나무이고 숲이며 빛이요 대지다. 여기서 자연은 태곳적부터 이어진 세계이며 있는 그대로의 세상이다. 한편, 세잔은 우리가 '있는 그대로의 이 세계'를 인식할 때 거기에는 또 하나의 자연이 파생된다고 보았다. 이것은 우리의 인식 체계가 만들어내는 인공의 자연이다.

자연 환경은 고유한 가치를 가진다. 이를 자연환경의 '유기체적 가치(organic value)'라고 한다. 자연은 생명체로서 성장하고 자연과 인간에게 유기적인 영향을 준다. 자연은 이산화탄소와 같은 유기적인 에너지를 발산한다. 인간과 자연, 자연과 인간은 공존의 원칙을 근본으로 유기적 관계를 유지하며 상호 보완적 역할을 한다.

건축물이 필요한 이유는 자연으로부터 인간을 보호하기 위해서다. 자연은 우리 삶을 가능하게 하는 바탕이다. 자연은 저마다 있을 자리에 있으면서 서로 조화를 이룬다. 그래서 고요하고 평화롭다. 인간은 자연에서 느끼고 치유 받는다. 자연이 주는 혜택은 엄청나다. 자연이 살아야 우리가 산다. 홀로 살아가는 생물은 없다.

인간은 자연과 교류하려는 욕구를 타고난다. 생물학자 E.O.윌슨은 이것을 바이오필리아(Biophilia), 생명애(love of life)'라고 한다. 바이오필리아는 원래 인간은 자연과 함께해야 에너지를 얻고 살아갈 동력을 얻는다는 철학을 바탕으로, 자연을 공간 디자인에 접목하는 개념이다. 자연과 연결되면 생명체라는 의식이 강해진다. 사람은 자연을 접하면 자신이 생명 순환 과정의 일부라고 생각하며, 숲속의 나무처럼 더 넓은 자연계에 속한 생명체라 인식한다.

자연에 대한 생명애(love of life)
자연과 교류하고 싶은 인간의 갈망을 '바이오필리아(Biophilia)라고 하는데, (중략) 인간의 뇌는 자연계와 끊임없이 교류하고 의존해야 하는 환경에서 진화해 왔다. (켈리 맥코니걸 저, 박미경 역, 『움직임의 힘』, ㈜로크미디어, 2020, p.226)

자연은 우리 삶을 가능하게 하며, 삶의 바탕이기도 하다. 인간은 자연과 호흡하며 살아가며 자연으로 돌아가야 하는 존재다. 자연과 함께 소통할 때 행복하다는 것을 안다. 인간은 자신에게 주어진 자연환경 속에서 불리한 조건을 극복하고 더 나은 생활 여건을 구축한다. 인간의 구축, 즉 건축의 시작이다. 사람의 손길이 닿으면 자연의 대지는 또 다른 모습으로 변한다. 사람이 자연과 관계를 맺으며 대지를 변화시키며, 문화의 진화가 시작된다.

건축은 자연을 능가할 수 없다. 건축과 자연이 하나가 되려면 건축은 자연으로 들어가야 한다. 자연을 보호하고 조화되는 개발을 도모해야 자연과 인간이 공존할 수 있고, 진정한 의미의 친환경 도시가 완성된다. 경제, 정치, 인간의 이익이 우선이 아닌, 자연과 인간의 공존 속에서 지속가능한 개념의 친환경 건축이 필요하다.

자연은 위대한 기술자

자연이 인간보다 뛰어난 엔지니어라는 것은 확실하다. 그 이유 중 하나가 자연이 인간보다 인내심이 강하고, 인간과는 전혀 다른 설계방법론을 가지고 있다는 것이다. (에드워드 고든 저, 주경재 역, 『구조의 세계』, 기문당, 1999)

코로나는 어쩌면 인간에 대한 자연의 경고인지 모른다. 인간은 자연환경에 접촉해야 한다. 건강하고 행복하고 의미 있는 삶을 사려면 자연이 필요하다. 도시에 사는 사람에게 자연은 선택이 아니라 필수이다. 인간은 새로운 형태의 자연을 활성화하고 만들 수 있다. 새로운 방법을 찾고 개발하는 것이 오늘을 살아가는 건축가에게 주어진 중요한 과제이다.

우리가 전통 건축에 눈을 돌리는 것은, 지금 건축을 만드는 방식보다는 자연에 대하여 덜 공격적이었다는 점에 주목한 것이다. 현재보다는 건축과 자연이 조금 더 연결되어 있다는 것, 그리고 그러한 지혜를 우리가 배워야 한다고 보기 때문이다. 또한, 자연을 효율이나 공리적인 것으로만 바라보는 태도를 보여서는 안 된다. 이것이 자연에 대한 건축하는 사람의 도리다. 자연은 신이 만든 창조이며 건축은 자연의 확장이다. 인간의 건축은 자연을 배워야 한다.

자연과 하나 된 건축, 소쇄원, 담양

또다시 환경

우리는 생명의 원천인 자연을 자연의 방식이 아닌, 이기적인 목적으로 사용하는 데만 급급한 나머지, 세계 곳곳에서 벌어지는 지구환경 위기를 불러왔다. 기후위기는 오늘날 인류가 직면하는 시급한 문제 중 하나이다. 그대로 내버려둔다면 해수면 상승, 극한 기상 현상 등으로 이어질 수 있다. 자연재해의 빈도와 강도의 증가, 생물다양성 상실의 조짐이 이미 나타나고 있다.

우리의 생활환경이 지구촌 곳곳에 기상이변, 재난을 불러일으킬 만큼 심각하게 훼손되고 있다. 이것은 현대를 사는 인간의 정신상태가 그만큼 정상에서 벗어나 황폐되어 있다는 증거이기도 하다. 이런 문제는 결코 말로써 해결될 일이 아니다. 한 사람 한 사람이 저마다 몸담고 살아가는 삶의 터전에서 각성하고 개선해야 할 절실한 과제이다.

2023년 8월에 발생한 하와이 마우이섬 화재는 기후변화가 하나의 원인이라 한다. 미국과 같은 선진국에서 발생한 비극으로 재해와 위험 가능성을 새삼 자각하게 만든다. 재해와 위험은 장소와 시간을 가리지 않는다. 시스템도 제대로 작동하지 않아 너무나 많은 사람이 희생되었다. 사회적인 비극이며 재난이다. 인류의 미래가 우려된다.

안토니오 구테흐스(Antonio Guterres) 전 유엔 사무총장은 기후위기를 악화시키는 인류에게 '지옥의 문이 열렸다'라는 말로 경고한다. 자연환경이 계속 악화하면 생태계가 파괴되고 많은 생물 종이

멸종할 수 있다. 그렇게 되면 식량과 물, 그리고 다른 중요한 자원을 안정적으로 확보하지 못할 수 있다. 광범위한 산림 파괴와 오염, 이상 기후의 징조가 나타나 미래를 걱정해야만 한다.

도시는 인간이 살아가기 위한 공간이다. 도시 환경 문제는 도시화가 급속하게 진행되는 가운데 중요한 가치를 무시한 것에 기인한다. 특히 도시에서 인간을 배제한 결과이다. 하지만 휴먼 스케일(human scale)의 관점에서 도시를 바라보고, 휴머니즘(humanism)을 기본으로 하는 건축이라면 해결할 수 있다. 즉 인간에 의한 건축이 인간을 위한 건축이 된다면 자연스럽게 해결될 문제다.

자연환경이나 도시적인 영역에서 인위적인 환경을 어떻게 형상화할 것인가. 이것은 건축을 만들 때 마주치는 고민이다. 건축과 환경의 관계는 복잡하지만, 다양한 가능성을 갖는다. 그 가능성은 조화, 대조, 대립이다.

먼저, 서로 간의 조화다. 건축물로 결합한 새로운 형태적·재료적 요소를 환경이 가진 언어 속으로 취합하는 방법이다. 그리고 대조는 건축물이 환경에 대해 의도적으로 어느 정도의 특수성을 갖게 되면 대조적 관계가 형성된다. 마지막으로 대립이다. 대립의 성격을 띠는 것으로, 즉 건축물과 주변의 상황이 상대적으로 대치하며 서 있는 경우다.

세 가지 경우 모두 어디에서나 가능한 것은 아니며 또 어디에서 어떠한 것이 옳은 방식인지 쉽게 단정하기 힘들다. 단, 부지가 자연

환경인 경우는 조화를 꾀하는 것이 바람직하다. 장소와 환경에 어울리는 건축을 만드는 것이다. 안도 다다오가 나오시마에 만든 미술관처럼 자연환경에 일체화되는 형태가 이상적이다. 특히 지중미술관은 땅속에 공간을 구축하여 자연에 거슬리지 않으며 그 장소와 하나 되어 있다. 땅의 예술이란 말을 실현한 사례로 평가된다.

안도 다다오, 나오시마 미술관 및 오벌, 나오시마, 2004년

지중미술관, 나오시마, 2004년

우리는 건축이 환경의 일부라는 발상, 또 건축이 부지에 속하는 것 이상으로 환경에도 속한다는 발상을 존중해야 한다. 환경과 건축이 통합된 상태, 환경과 건축이 유기적으로 연결된 상태를 지향해야 한다. 그 지역의 지형과 어울리는 공간을 만들어 오래전부터 그 장소에 있었던 것처럼, 주변 환경의 일부가 되는 것이 좋은 건축이다.

또다시 공공성

건축기본법에서 '건축'은 건축물과 공간 환경을 기획, 설계, 시공 및 유지 관리하는 것이다. 건축 행위는 물리적인 건축물뿐 아니라 궁극적으로 공간적·사회적·문화적 공공성을 실현하기 위한 작업을 포함하는 것으로서, 우리 삶을 담는 그릇과 같은 존재다. 즉 품질과 품격이 우수한 건축물과 공간 환경을 조성하여 공공성을 실현하는 것이다.

'공간 복리', '공간의 질'이 드러나고 있는 오늘날, 좋은 건축과 창조적인 환경을 디자인하는 것은 반드시 이루어야 할 일임이 틀림없다. 하지만 좋은 건축과 환경이란 단지 건축물을 아름답게 설계하는 것만을 말하는 것이 아니다. 공공성 구현이 뒤따라야 한다.

공공성을 구현하는 총체적인 기획

우리의 과업은 건축물과 공간 환경을 대상으로 일상적, 사회적, 문화적 공공성을 구현하기 위한 (중략) 프로세스를 통해 바람직한 방향으로 구현해 나가는 작업이라는 것을 이해할 필요가 있다. (신승수 외, 『슈퍼 라이브러리』, 사람의 무늬, 2014, p.14)

건축에서 공공성 실현은 결국, 공공적인 공간을 만들어 대중에게 제공하는 것이다. 공공 공간은 '공익(public value)'을 추구하고 일반인이 자유롭게 접근할 수 있으며 함께 공유하는 공간을 의미한다. 자유로운 접근이 가능한 모든 공간을 뜻한다. 공공 공간은 각각의 소유권과 관계없이 일상적 삶 속에서 대중을 인식하고, 대중과 소통하고 교환하는 공간이 되어야 한다. 고층 빌딩의 1층 공간을 일반인에게 내어주어 공적인 공간으로 사용하는 것이 하나의 예이다.

이상헌 교수는 "건축가가 사회에 공헌할 수 있는 것은 자기 표현적 형태의 디자인보다 공공성을 갖는 장소다. 도덕적이고 윤리적인 건축은 공간과 형태에서 이러한 프로세스에 순응하는 건축이다."라고 한다. 그는 이웃과의 관계와 지역으로의 순응성을 강조하고, 형태적으로 강한 상징성을 피하는 것이 바람직하다고 한다. 건축에는 이웃에 대한 배려, 맥락적 순응, 공동체 윤리가 필요하다는 뜻이다.

건축은 비록 사적인 것이라 할지라도 그 실행은 사회적인 여건을 바탕으로 조직적인 생산과정을 통해 실현된다. 그러므로 개인적인 것이라 하더라도 공적인 성격을 내포한다. 건축은 개인적 창조물이지만 건축물이 모여 공공적 환경을 형성한다. 그래서 그 자체가 윤리성을 가진다. 윤리성은 공동체적 윤리를 말한다. 공동체적 윤리와 가치, 정신이 공공성이다.

건축의 공공적인 원리와 규범

건축의 공공성은 건축이 전문직으로 인정받기 위한 사회적 조건이기도 하다. 이를 위해서는 (중략) 사회적으로 소통될 수 있는 원리와 규범이 있어야 한다. (이상헌, 『대한민국에 건축은 없다』, 효형출판, 2013, p.148)

건축의 가치는 관습적이고 문화적인 것이다. 우리의 일상적 환경이 어울리지 않고 편안함과 행복을 약속하지 못한다면, 건축적 가치를 말할 수 없다. 건축은 좀 더 편안하고 행복을 느낄 수 있고 소통할 수 있는 환경이 되어야 한다. 이것이 건축하는 사람이 감당해야 할 몫이다.

건축은 다른 예술에 비해 생명이 길다. 대중에게 공개되는 공공성을 띤다. 건축물은 건축주가 가진 생각의 실체이다. 세상에 대한 건축주의 태도와 관심, 바로 그것이 건축의 모습이다. 건축은 건축주의 이해가 중요하다. 건축주의 사고와 의식이 건축의 모든 것을 좌우한다.

건축은 그림이나 조각 같은 독립된 예술이 아닌, 도시와 환경 일부분이기에 사회적 책임이 따른다. 데이비드 치퍼필드는 건축가의 '사회적 책임'을 왜 강조해야 하는지를 명징하게 설명한다. 그는 "매일 이 건물을 오가는 사람에 대해서도 책임을 져야 한다는 것이다. 건축가에게는 의뢰한 사람뿐만 아니라 건물을 이용하는 사람들, 법적 계약 관계를 맺지는 않았지만, 이 건물을 매일 봐야 하는 시민까지도 생각해야 하는 책임이 있다."라고 한다. 건축물을 사용하는 일반 시민까지 배려하는 것이 건축가의 사회적 책무이다.

건축은 공동체의 이념을 상징하는 가장 큰 물리적 본질이다. 우리가 공동의 기반을 갖추고 있다는 믿음을 구체적 형태로 확실하게 표현하는 방법이다. 개인의 토지에 지어지는 건축물은 분명히 사유재산이다. 그런데도 국가나 사회는 건축에 공공성을 요구한다. 건축은 역사와 문화 그리고 시대정신, 사회상을 담고 있기 때문이다. 공공성이 높은 건축은 집주인뿐 아니라 시민의 이익도 지켜줄 수 있다. 좋은 건축은 공공성을 제공하는 것이다.

또다시 좋은 건축

건축은 사회의 지표이자 척도이다. 도시와 건축은 시대를 투영하는 매개체이다. 정치적·경제적 역할 관계, 과학 기술적인 성취와 더불어 문화적인 수준, 미적 감성의 경향도 건축을 통해 읽을 수 있다. 건축만큼 그 사회를 잘 읽게 해주는 텍스트(text)는 없다. 건축은 그 사회의 수준을 보여주며 품격을 나타낸다.

우리 사회 전체와 연결된 문제의식은 건축적 실천에 새로운 과제와 전략을 요구한다. 건축의 진짜 문제는 건축의 가치와 중요성, 소중함을 알지 못하는 사회라는 것이다. 그러니 건축의 가장 중요한 실천 과제는 건축으로 만들어지는 가치를 보여주는 일이다.

인간이 만드는 최고의 행위는 사람과 세상을 위해 도움이 되는 것이다. 건축이 목표로 하는 것은 생존 활동의 모든 면에 관계되고, 인간에 밀착되어 있으므로 의외로 복잡하다. 그러므로 '건축한다'라는 창조 행위는 다각적인 목적을 위해 추진되고 결국, 건축물이라는 하나의 완성품을 만들어낸다.

건축론은 건축에 관해서 묻는 것으로 '건축한다'라는 시공 행위로부터 필연적으로 생기는 지적 욕구이다. 제작이 지성을 포함한 것처럼 묻는 것은 지식의 이면(裏面)으로서 창조를 포함한다. 건축적 제작, 즉 시공은 지적 반성을 수반한다. 하지만 건축론에서 지적 반성은 건축적 제작과는 표리관계에 있고, 그것은 당연히 제작과 같이 창조적인 것이 되어야 한다. 제작이란 우수한 정신작용이며 질 높은 작품으로 만들어 내는 과정이다.

건축은 경제적인·기능적인 조건을 넘어서는 사람의 정신적인 부분, 무의식인 영역까지 관여하는 아주 독특한 것이다. 건축에는 인간의 함의가 존재한다. 건축에서 보는 인간의 함의란 시간의 흐름 안에서 이어지는 수많은 인간적 가치의 결합이다. 건축물은 인간의 존재가 내적으로 갖는 여러 가지 의도나 창의, 지식, 힘의 총화를 한눈에 표시해 준다. 그것은 인간이 원하는 것, 아는 것, 할 수 있는 것의 결합임을 의미한다.

건축은 인간의 삶을 풍요롭게 하여 가치 있는 것으로 만들어 주는 실재이다. 우리는 그 속에서의 삶을 통해 한층 더 높은 이상과 꿈을 달성할 수 있다. 인간에게 가치 있는 건축은 실제 인간보다 더 좋은 인간을 생각하게 만든다. 더 좋은 인간의 모습을 떠오르게 하고 인간의 가치를 더 높게 평가한다. 공간에서 역사나 정신을 그리고 더 나은 인간에 대한 희망을 상상하게끔 할 수 있는 건축이 인간에게 가치 있다.

　우리 삶이 집과 더불어 건축이 된다. 우리 삶을 짓는다는 것이 건축의 분명한 뜻이다. 좋은 건축의 목표는 당연히 인간 삶의 가치에 관한 확인에 있다. 인간의 선함과 진실함, 아름다움을 날마다 새롭게 발견하게 만드는 것이 더 좋은 건축이다. 좋은 건축은 삶의 질을 높인다.

　건축의 성공 여부는 품질과 만족에 달려 있다. 건축은 인간의 더 편안한 삶을 위한 '참살이(Well-being)'를 위한 것이다. 건축 행위를 통해 더 좋은 공간을 만든다. 이를 통해 많은 이들이 삶을 더 편안하게 하고 더 안전하게 더 즐겁게 살아가게 해준다. 좋은 건축은 더 나은 사회 만들기의 기초이다.

인간을 위한 건축

건축의 힘

 건축은 돈이 아니다. 건축은 건축일 뿐이며 훌륭한 문화이다. 사람살이를 담고 소중한 사람과 나누며 세대를 이어 물려주는 유산이다. 우리가 사는 일상 자체, 현실이 건축으로 되어있다. 우리 일상과 현실이 돈만으로 이루어지지 않듯이, 건축도 돈만으로 이루어지지 않는다. 우리의 삶이 정과 추억, 사랑과 나눔, 협력과 신뢰로 이루어지듯이 건축 또한 그리해야 한다.

 건축에서 벗어나 살 수 없는 이유는 항시성과 당연성 때문이다. 건축은 모든 사람이 일상에서 접하며 살아가는데 필요한 기예와 학술이다. 미국의 철학자 존 듀이(John Dewey)는 우리 존재의 안정과 지속을 표현하는데, 모든 예술 활동 가운데서 건축을 가장 절실히 필요한 일이라고 말했다.

 건축은 인간의 주거 행위라는 무형적 궤적을 소재로 삼아, 이것을 구조적 구축이라는 공학 기술적 매개로 번안해 내는 분야이다. 건축은 인간 마음을 기술로 번역해 주는 의지 표현이다. 기술은 본래 효율을 위한 것이지만, 건축은 기술을 통해 인간이 근본적으로 바라는 바를 구체화하며, 기술로 사람 마음을 묶고 장소로 연결해 준다.

건축에 종사하는 사람은 건축 행위에 참여함으로써 자아를 실현할 기회를 갖게 된다. 그러나 건축물이라는 대상물에 집착하다 보면 정작 건축주나 사용자 사이에서 발생하는 인간적 가치를 가볍게 여긴다. 최근 경향을 보면 건축산업은 점차 좋은 건축을 만드는 상품 중심의 사고뿐 아니라, 인간적으로 만족을 주는 서비스를 중시하는 방향으로 가치 전환이 이루어지고 있다.

건축의 힘은 빌바오 구겐하임 미술관, 나오시마의 사례를 통해 알 수 있다. 빌바오 효과(bilbao effect)는 빌바오 구겐하임 미술관

빌바오 구겐하임 미술관, 프랑크 게리, 빌바오, 2004년

으로 인해 생겨났다. 1997년 건축계의 슈퍼스타 프랭크 게리(Frank Gehry)의 구겐하임 미술관을 유치한 후 상주인구 4배가량의 관광객이 매년 방문하고 있다. 단지 프랭크 게리 특유의 독특한 건축물 하나가 사람을 끌어들인 건 아니다. 구겐하임이라는 상징적 건축물이 들어섬으로써 제조업에만 기댔던 도시의 체질을 서비스업 중심으로 개선했기에 가능했다. 미술관이 쇠락한 스페인 공업 도시 빌바오의 부활을 이끌고 있다.

빌바오 구겐하임 미술관의 가치

쇠퇴하던 도시 빌바오는 세계적 수준의 건물을 건설함으로써 경제적으로 부활했다. (중략) 빌바오의 건축적 사례와 그 효과는 그를 잇는 다음 세대의 건축들의 롤모델이 되었다. (장정제, 『좋아하는 건축가 한 명쯤』, 지식의 숲, 2023, p.194~195)

일본 가가와(香川)현 세토내해에 있는 나오시마는 제주 우도의 두 배쯤 되는 작은 섬이다. 약 3천 명이 거주하지만, 연간 방문 관광객 수는 거주인구의 170배인 50만 명 이상이다. 이곳도 여느 지방의 관광지와 마찬가지로 1차 산업이 쇠퇴하였다. 침체한 지역 경제의 활력을 되찾기 위해, 자연과 조화된 예술을 주제로 명소 만들기에 착수했다.

1992년 세계적인 건축가 안도 다다오와 함께 '베네세 아트사이트 프로젝트'를 시작으로, 1997년 빈 가옥 자체를 예술품화 하는 家(이에)프로젝트, 2004년 지중미술관 개관, 2010년 이우환 미술관 개관,

家(이에)프로젝트, 나오시마, 2000년

쿠사마 야요이(草間彌生)의 노란 호박을 섬 방파제에 설치하는 등 섬 전체를 무대화하는 데 성공했다. 주민 참여를 바탕으로 문화와 예술, 건축을 접목해 나오시마라는 작은 섬을 부활시켰다. 그 중심에 사업가 후쿠다케 소이치로(福式總一郎)와 건축가 안도 다다오가 있다.

건축물이 도시의 브랜드로 자리 잡는 예도 있다. 도시나 나라를 대표하는 건축물은 고유의 이미지를 형성하는 데 절대적으로 이바지한다. 그러므로 건축이 생산하는 거대한 힘을 간파한 주체는 최고의 랜드마크를 만들기 위해 적극적으로 투자한다. 기업도 사옥 건립을 통해 철학과 문화를 전파한다.

건축이 사회 구성체의 일원으로 더욱 진보적인 사회를 만드는 데에 앞장서야 한다는 시각이 설득력을 갖는다. 건축은 문명 가치와 사회적 상황을 표현한다. 시대 정신의 표현이다. 건축물이 긍정적 재생산의 역할을 담당한다. 이것이 건축이고 건축의 힘이다. 궁극적으로 문화예술의 힘이다.

신뢰와 사회정의

건축의 중심은 인간이며 주체 또한 사람이다. 사람에 의해 건축의 문제를 풀어야 한다. 문제의 핵심은 '사람'이란 뜻이다. 모든 것은 사람에 달려 있다. 건축은 인간이 만드는 것이기 때문이다. 건축 기술은 인간이 구사한다. 기술을 정직하게 성실하게 구현하면 된다. 그런데 정직한 기술의 구사는 시간과 비용, 돈을 수반한다.

물론 계약을 통해 비용은 정해진다. 이미 약속된 비용을 의미한다. 그 비용은 만드는 사람, 시공자의 몫이다. 시공에 필요한 약속된 비용이다. 문제는 이 비용이 적절히 집행되느냐 하는 것이다. 여기서 하도급이란 절차가 불가피하게 개입한다. 계약자(원도급자)는 비용을 사용하여 건축이란 생산 과정을 통해 물질을 만든다. 물질을 만드는 데에는 비용이 필수적으로 소요된다.

건축의 특이한 문제는 물질을 계약자가 직접 손수 만들지 않는다는 점이다. 계약자는 물질을 만들어 제공하거나 설치하는 이에게 비용을 지급한다. 이런 형태를 하도급이라 한다. 여기서 직접적인 문제가 발생한다. 물건을 만든 사람이 좋지 않은 물건을 납품하거나 잘못 설치하면 하자가 발생한다. 그 하자의 책임은 계약상 원도급자가 져야 한다.

하지만 실질적으로 원도급자가 책임지지 않는다. 하도급 계약을 맺은 하청 업체가 진다. 즉 물건을 납품하거나 설치한 하도급 업자가 부담한다. 여기서 책임 문제가 발생하여 원도급자는 모든 것을 하도급자에게 돌린다. 물론 직접 계약한 건축주나 발주자는 도급자의 이런 사항을 모른다. 또 하도급 계약을 알려주지 않으면 전혀 알 수 없다. 민간 공사에 법적으로 통보할 의무가 없으며 건축주와 아무런 관련 없는 일이다.

하지만 하자나 문제가 발생하면 계약자는 그 책임을 자기 책임이 아니라 한다. 계약자와 하도급업자의 문제인데 그것을 모두 하도급자에게 부담시킨다. 이렇게 되면 인간적 신뢰가 무너지고 싸움으로 번진다. 돈으로 연결된 가늘고 얇은 인간적 신뢰가 하루아침에 깨진다. 인간의 신의는 물거품과 같다. 돈으로 맺어진 관계는 튼튼하지 않다. 계약 관계에서는 인간에 대한 믿음보다 돈에 대한 믿음이 절대적이다. 신뢰의 자리는 없다. 두텁지 못한 인간적 신뢰가 무너져 평생 나쁜 관계로 지낸다.

하도급 문제는 건축계의 오래된 일상사이고 병폐이다. 이러한 중차대한 문제를 사람에 대한 신뢰, 인간적 신뢰로 해결할 수 없다. 또 우리는 신뢰로 해결할 수 있는 사회에 살고 있지 않다. 인간 선의와 양심 문제가 아니라 모든 것은 비용, 즉 돈의 문제이다. 인간적인 신뢰와 의리로 해결할 수 없다. 냉정하게 비용으로 해결해야 할 사항이다.

건축물 붕괴와 같은 공학적 사고의 원인은 안전기준이나 안전 규정을 지키지 않은 탓이다. 이것은 근본적으로 돈, 비용 때문이다. 안전 불감증만의 문제라 할 수 없다. 안전공학과 경제학의 문제이다. 한마디로 공학과 돈의 문제이다. 공학은 돈과의 함수관계에 있다. 건축은 공학과 돈의 메커니즘으로 작동된다.

인간 사이 신뢰는 공학과 통하지 않는다. 공학 분야에서는 항상 치수와 형태, 소재의 조합이 '신뢰하는 방법'으로 다루어져야 한다. 신뢰하는 방법은 공학의 이론과 기술에 관련된 기준, 규정, 근거이다. 이것은 사회적 약속이며 합의의 결과다.

공학적 신뢰와 인간적 신뢰가 중요하다. 공학적 신뢰는 공학과 이에 바탕이 되는 자연과학 법칙을 믿는다는 뜻이다. 공학자나 엔지니어, 사람을 신뢰한다는 뜻이 아니다. 인간적 신뢰는 그 일에 참여하는 사람의 충실한 자기 역할을 전제로 상호 간 믿음과 협력이 이루어지는 관계이다. 일반적인 희생이나 불합리한 일을 강요하지 않으며 우호적 상태를 맺는 것을 뜻한다. 다르게 표현하면 공학적 신뢰는 기준과 규정, 규칙에 대한 것이며, 인간적 신뢰는 기술적 능력을 갖춘 사람끼리의 믿음으로 협력하는 사이를 의미한다.

부실 건축으로 인한 사망 사건과 부주의 사고에 대해 국가는 공학적 사고를 주로 인문학적·사회적 사고로 간주한다. 국가는 공학적 범죄 원인을 인격화하여 윤리적 비난과 법적 정의가 실현되길 바란다. 엄청난 사회적 비용이 드는 시스템 구축을 회피해 지급을 유예하는 방향으로 유도한다.

건축은 신용으로 생산되는 실체다. 신뢰라는 벽돌을 하나씩 정성스럽게 쌓아 올리는 일이다. 모든 것은 사람이 하는 일, 사람의 문제이기 때문에 인문학적·사회적 요소가 원인이라 할 수 있다. 안전치, 안전 규정은 모두 사람이 만든 사회적 약속이다. 하지만 이것은 본질을 호도하는 문제이다. 인간의 문제에 앞서 제도적·법적 측면도 따져 보아야 한다.

그러므로 공학적 사고를 인문학적인 문제로 규정하여 결국은 풀 수 없는 인간의 문제가 되고 만다. 우리 사회에는 이미 사고를 최대한 억제할 최고의 기술이 있다. 단지 이것을 적용했을 때 비용의 문제가 발생한다. 이제까지 이 비용에 대해 논의한 적도, 이것을 계산한 적도 없기 때문이다. 이에 대한 논의를 시작해서 해결책을 찾는 것이 지금 우리가 해야 할 책무이다.

한 나라 건축의 부실의 정도는 그 사회가 낼 수 있는 총비용과 균형을 맞추고 있다. 그리하여 불법 부실은 암묵적으로 용인되는 범죄가 된다. 건축물이 붕괴하여 많은 사람이 죽어도, 사업이 망해도 시공자는 회피하거나, 업무상 과실치사 혹은 사기죄로 몇 달 몸으로 때우면 그만이다. 부실이 반복되는 이유이다. 이런 남는 장사를 마다할 사람은 없다. 그러므로 이들은 주범이 아니다. 주범은 위험 감수를 당연히 여기는 우리 모두이다.

희망과 공동선

건축은 인간 사고와 건설의 생산품이다. 인간에게서 그리고 건축에서 가장 중요한 것은 사람의 '희망(desire)'이다. 희망은 무언가를 바라고 열망하는 것이다. 탐욕의 다른 이름이 희망이다. 그 바람은 집을 짓는 과정에서 현실로 드러나고, 집 짓는 과정은 구축된 사고에서 나온다. 건축은 이렇게 인간의 희망, 바람을 담아 만들어진다.

루이스 칸은 "건설된 건물은 모두 인간에게 바쳐진 것이다. 그것은 생활 수단의 하나인 것이다. 어떤 방법으로 그것을 표현하는가가 건축가의 첫째 임무이다. 나는 인간의 행복에 대한 헌신이 여기에서 이루어질 것을 바라고 있다. 건축은 신념에 근거한 것이다. 이것이 가장 중요한 사실이다."라고 역설한다. 건축에 대한 신념은 인간에 있으며 더 나아가 인간의 행복에 있다.

사람은 건축을 통해 인간 공동의 것을 바라고 기뻐하며, 함께 사는 희망을 공간 속에 담는다. 이렇게 보면 집을 짓는다는 것은 우리가 이루어야 하는 '공동선(公同善)'이다. 공동선을 이루는 또 다른 평범한 방식이다. 건축에 대해 가져야 할 조건이 시대와 장소를 넘어 공동적(common)이라는 사실이다. 건물을 짓는 일은 인간의 공동선을 만들어내는 행위이다.

내가 어제 만든 건축이 오늘에 새롭지 못하고 내일은 더 새롭지 못하다면 그것은 슬픈 일이다. 건축이 지니는 본래의 힘은 사람의 마음속 깊은 곳에 울림을 주는 데 있다. 건축에는 그것을 보고 그 안에 사는 사람의 마음에 남아 있는 무언가 공동의 이미지를 만들어내는 힘이 있다.

인간은 각각의 삶, 가치관에 따라 다양한 건축을 만들어왔다. 어떤 시대의 건축이든 "인간은 이렇게 살아야 풍요로울 수 있다"라는, 그 시대의 삶의 방식을 공간적으로 표현해왔다. 앞으로 건축을 지향하는 일은 결과적으로 시대적 가치관을 만드는 계기가 되어야 한다.

우리가 건축물을 짓는 것은 결국 미래를 믿기 때문이다. 어떤 것도 건축처럼 미래에 대한 믿음과 헌신을 보여주지 못한다. 그리고 우리가 건축물을 잘 짓는 것은 더 나은 미래를 원하기 때문이다. 우리 뒤에 오는 미래 세대에게 줄 수 있는 선물 가운데 좋은 건축만큼 위대한 선물은 없다. 그것을 믿는다. 건축사가 빈센트 스컬리(Vincent Scully)는 '건축은 세대가 시간을 가로질러 나누는 대화'라고 한다. 니시자와 류에(西沢立衛)는 '건축은 미래를 향하고 미래 세대를 위한 것'이라 한다. 건축은 미래를 위한 것이다.

미래 세대를 위한 건축
건축이란 과거에 대한 것이라기보다는 앞으로의 미래를 향하고 미래의 사람들을 위해 만들어지는 것이다. 이 때문에 만드는 사람은 미래에 대해 생각하면서 설계한다. (니시자와 류에 저, 강연진 역, 『열린 건축』, 한울, 2016, p.248)

건축은 인간의 깊은 본질을 담는다. 사람의 마음과 정신, 의지, 희망도 담겨 있다. 우리에게 필요한 것은 '인간애(love of human), 인간중심주의'이다.

건축은 이제 시대를 담는 그릇일 뿐 아니라 새로운 삶의 방식을 제시하는 이정표이며, 인간 의지의 산물이다. 건축은 인간 친화적이어야 하며 인간 중심으로 만들어져야 한다.

21세기 가나자와 미술관, SANNA(니시자와 류에+세지마 카즈요), 카나자와, 2002년

건축가 김인철은 "이 땅에서 건축이 영위되었던 오랜 시간 동안, 그리고 앞으로 지속될 긴 시간 동안 변치 않아야 하는 우리의 명제는 '건축을 사랑하는 것'이다."라고 한다. 자연애, 인간애와 같은 의미로 '건축에 대한 사랑(love of architecture), 건축 애(愛)'라는 말로 표현된다. 즉 우리가 건축을 이해하고 가치를 알게 되므로 인해 자연적으로 생겨나는 마음이 건축을 사랑하는 것이다.

인간이 사는 세상에 필요한 것이 건축이다. 그러므로 건축을 사랑하고 이해해야만 한다. 우리가 모두 공통으로 진실로 바라는 것은 행복이다. 인간의 행복을 위해 건축이 만들어지며 행복의 첫 번째 조건이 건축이다. 모두가 인간 중심 건축을 원한다.

김옥길기념관, 김인철, 서울, 2008년

인간을 위한 건축

인간을 위한 건축

건축은 그 시대의 정치 경제적 역학관계의 즉각적인 반영이다. 건축물은 한 시대의 막대한 권력과 부를 동원해야 지어질 수 있다. 최고의 기술적 성취가 투입되기에 그 시대의 과학과 공학에 대한 태도뿐 아니라, 그 수준까지 읽을 수 있다. 또한, 건축은 예술의 한 분야이기에 지배적인 미적 경향의 반영이며 문화적 수준을 가늠하는 지표이다. 이처럼 한 사회의 총체적인 단면을 보여주는 영역은 건축이 유일하다.

한 시대의 지표인 건축을 위해 '인간성'을 제대로 도입해야 한다. 건축이야말로 과학과 인간성의 결합물이다. 건축은 과학이고 공학이지만 동시에 인문학이다. 건축은 인간의 가장 실용적인 생산품인 동시에 인간을 위한 예술이다. 건축은 한 인간의 삶을 담는 기계이면서 그와 그 가족의 전 생애가 담겨 있는 역사이다. 그리고 무엇보다도 한 사회의 단계, 수준, 레벨을 읽어내는 데에 건축만큼 정확한 지표가 없다. 프랭크 로이드 라이트는 '인간의 가치를 존중하며 인간의 영혼과 내면을 밝히는 빛을 확인하는 것'이 진정한 행복이라 했다.

라이트의 모든 작업에서 처음부터 끝까지 한 가지 중요한 요소는 변하지 않는다. 그것은 '인간의 가치'다. 그는 종종 그것을 '인간성(humanity)'이라고 믿었다. 모든 건축물의 한가운데에는 언제나 인간성을 배치하였다. 그는 계속해서 더 인간적인 건축을 언급했고, 인간이 무엇을 의미하는지 이해하려고 노력했다. 유기적 건축과 마찬가지로 인간의 가치는 인간의 내면에 있었다.

탈리신, 프랭크 로이드 라이트, 애리조나, 1937년

인간의 빛과 가치

인간 의식에서 이 내면의 빛보다 더 높은 것은 없으며, 그것을 아름다움이라고 불렀다. 그 아름다움은 '인간의 빛(manlight)'이다. 라이트는 건축에 인간의 고귀한 빛을 담고자 했다. (장정제, 『좋아하는 건축가 한 명쯤』, 지식의 숲, 2023, p.98)

생태학자 스코트 니어링(Scott Nearing)은 '사람은 경제적 상품이 아니라 사회적으로 중요한 존재'라 한다. 사람을 배제하지 말고 중심에 두고, 인간의 근본적인 본질과 삶의 형태를 잊지 않은 채 건축을 해야 한다. 그래야 인간다운 삶, 질 높은 생활을 보장할 수 있다.

건축은 모든 사람이 누려야 하는 중요한 분야이다. 우리를 둘러싼 건축물과 조경, 도시 경관은 건축을 의뢰하거나 자금을 제공하는 사람의 삶에만 영향을 미치지 않는다. 투자 목적으로 만들어진 건축은 투자자가 아닌 다른 사람이 사용한다. 건축물은 많은 사용자와 일반인에게 영향을 준다. 게다가 대부분 건축물과 조경, 도시의 수명은 인간의 목숨보다 길어서 건축하기에 실제로 관여한 사람은 물론 그다음 세대까지 영향을 미친다.

건축가 함인선은 "건축은 비극이 허용되지 않는 유일한 예술이다."라고 한다. 여기서 비극이란 건축으로 인한 사고와 죽음이다. 예술은 사람을 다치게 하거나 죽이지 않는다. 음악, 미술, 조각 등은 인간에게 위안과 편안함을 준다. 하지만 건축이 만들어지는 과정에서 사람이 다치거나 죽게 된다. 예술이지만 사람에게 해를 끼친다는 논리이다. 우울한 일이 아닐 수 없다. 비극을 허용할 수 없

부평 순복음교회, 함인선, 부평, 2000년

는 명확한 이유이다.

 알바 알토는 "진실한 건축은 인간이 중심에 서는 곳에만 존재한다."라고 한다. 인간에 의한 건축이 인간을 위한 건축이 된다면 이는 자연스럽게 해결될 문제이다. 인간이 중심이 된다면 우리는 진정한 삶을 누릴 수 있다. 인간의 생활이 더 풍족해진다. 건축은 인간의 편안한 삶을 위해 지어진 존재이며 삶의 터전이다.

 조각이나 음악, 미술과 같은 기술은 한 가지 목적만을 바라본다. 그러나 건축은 쉽게 변하지 않는 가치를 소중하게 여기고 이를 기술로 변환한다. 브랑코 미트라비치(Branko Mitrovic)는 "건축은 인간적인 사실, 공동체가 지녀야 할 사실, 계속 지속해야 할 환경의 가치, 역사적이며 기억 속에 잠재하는 사회의 가치, 땅이 가져야 할 가치, 사회의 계층이 공간을 통해서 바라는 바를 기술로 바꾸는 것"이라 한다. 즉 인간성, 공동체, 환경, 역사, 장소성, 사회성을 말하며 건축은 이런 변하지 않는 가치를 기술로 바꾸는 생산적 활동이다.

 그중에서 가장 우선하는 것이 인간적 사실 즉, 인간, 인간성이다. 인간이 다른 가치에 비해 가장 먼저 놓인 것은 그만큼 중요하기 때문이다. 건축을 만드는 과정에서 인간을 가장 중요시해야 한다는 의미이다. 인간적인 사실이 의미하는 바는 다양하다. 먼저 건축의 가치를 인간, 생명 존중에 두어야 한다. 또한, 건축은 인간의 주체적인 행위가 건축이라는 의미를 담고 있다. 건축에 참여하는 사람들의 협력으로 좋은 성과를 내야 한다는 뜻을 함축하고 있다.

우리는 삶에 대한 가치의 무게를 무엇에 두고 살아야 하는가. 좋은 건축을 넘어 인간을 위한 건축을 지향해야 한다. 건축은 인간에 의한, 인간을 위한 것이다. 오로지 인간성에 초점을 두고 인간 이성에 의지하며 사람 사이의 계약으로 관계 맺는다. 계약은 인간에 대한 신뢰를 전제로 한다. 인간의 선의와 양심으로 건축을 위한 공동체가 인간적인 건축을 구현할 수 있다.

건축하는 사람은 좋은 건축을 추구하여 인간적인 건축을 달성해야 한다. 위대한 건축은 초월적 공간을 구현하려는 예술 의지와 이를 구현할 기술을 가진 사람의 실용주의가 변증법적으로 어우러진 결과물이다. 건축물 중심의 도시를 만들었다면 우리는 건축물 위주의 삶을 살 것이고 인간다움, 주체적인 삶을 잃을 것이다.

건축의 본질은 인간에 있다. 건축이 중요한 이유는 '더 나은 인간의 삶'을 만들기 위한 것이다. 인간적인 건축은 인간적인 관점에서 설계하고 시공하는 것이며 사람을 배려하는 것이다. 인간의 사용성을 고려하고 인간의 생명을 존중하며, 사용의 편리함을 추구해야 한다. 건축하는 사람의 가치관은 좋은 건축으로 인간의 희망을 실현하는 것이다.

마무리하는 글

　11월에 들어서면 나무는 여름과 가을철에 걸쳤던 옷을 미련 없이 훨훨 벗어 버린다. 나무들이 모여서 이룬 숲은 입동 무렵이면, 겨울 맞이 채비를 다 끝내고 빈 가지에 내려앉을 눈의 자리를 마련해 둔다. 12월은 한겨울이다. 대지도 자연도 얼어붙는다. 사람 활동이 둔화해지고 자연은 이미 나뭇잎을 떨구고 겨울나기를 대비한 상태다.
　땅이 얼고 날씨가 추워지면 건축하기가 쉽지 않다. 겨울에는 건축할 여건이 좋지 못하다. 내부공사는 가능하지만, 외부 공사는 사실상 불가하다. 이젠 봄을 기다려야 한다. 활동적인 공정은 자제하고 내부공사에 치중하며 봄에 일을 준비해야 한다. 봄을 고대하며 추운 시간을 견뎌야 한다. 건축하기는 계절에 따라 다르다.

　건축은 문화의 프리즘이다. 그 사회의 문화 수준을 반사하는 물질이다. 건축이 그 사회의 문화라는 뜻을 담고 있다. 우리의 건축 문화 수준은 높다고 할 수 없다. 아마 높다는 측에 동의하는 사람이 적을 것이다. 빨리 짓고 쉽게 허무는 것을 말하자면 단연 으뜸이다. 너무 쉽게 허물고 또 짓는다. 어렵게 지은 건축이 비상식적으로 쉽게 허물어지기도 한다. 우리나라와 같은 건축 문화를 표상하는 곳은 어디에도 없다.

건축은 시간의 구조물이다. 사실상 건축은 천년, 이천 년 지속한다. 인간은 사라지지만 건축물은 오래 살아남는다. 유럽의 건축과 아직도 존재하는 우리의 오래된 건축 유산을 보면 알 수 있다. 인간의 생명이 지속하고 삶이 연속되는 한 건축물도 함께 지속한다. 모든 건축은 인간을 위한 것이므로 어떤 이유에서라도 건축은 인간의 삶에 좋은 영향을 주어야 한다.

건축은 인간 의지의 표현이다. 인간이 생명을 유지하고 산다는 것은 살아가는 것을 의미한다. 삶은 지속하는 것이다. 그것이 생명의 본능이다. 삶은 존재적 몸부림이다. 자연 속에서 인간을 비롯한 모든 생명체가 같은 운명이다. 개체마다 생명을 지속하기 위한 것이 존재적 활동이다. 인간도 살아가기 위해 지속적으로 행동한다. 삶은 힘겨워도 살아가는 것이다. 살아가는 그 속에 근거, 삶의 기저에 깔린 당위성이 있다.

우리 주변의 건축을 볼 때, 우리는 30여 년 전보다 나은 사회에 있지 않다. 건축적 현상을 보면 더욱 그러하다. 삼풍백화점, 경주 마우나 리조트, 광주 화정아파트 붕괴의 공통점은 구조물의 붕괴로 많은 이가 희생되었다는 것이다. 건축물 붕괴 사고, 부주의 사고를 남의 이야기라 할 수 없다. 언제 찾아올지 모르는 사고에 우리는 모두 불안하다. 매번 국가는 처벌과 대책을 내놓았다. 하지만 되풀이되는 붕괴 사고가 또 일어난다.

건축으로 인해 있을 수 없는 일이 끊임없이 벌어진다. 일어나지 않아야 할 일이 이어지고 있다. 있을 수 없는 일이 계속되는 것은 우연 아니다. 우연이라 할 수 없다. 부실시공이 건축적 현상으로 주목받아 건축하는 사람은 지탄받는 대상이 되었다. 부실 건축이 사회문제로 자리 잡아 나라 전체를 병들게 한다. 이것은 따지고 보면 인간 존중과 생명의 신비를 등진 비인간적인 행위로 인한 것이다.

문제의 핵심은 인간과 생명보다 돈과 이윤을 우선시하는 고삐 풀린 탐욕스러운 자본주의와 이를 추종, 수용해온 우리 모두에게 있다. '돈이면 안 되는 것이 없다'는 착각에 빠뜨리는 극단적인 경제 지상주의, 자본 논리가 우리 사회에 만연하다. 건축은 그 파도에 휩쓸리고 말았다. 우리에게는 무한 경쟁 속에서 공공성보다 자기 이익만을 추구하는 것이 행복의 첩경이라는 환상이 널리 퍼져있다.

압축 근대화 속에 우리 사회에 일상화된 '이윤 지상주의, 생명 경시 주의'라는 '생산된 위험'이 낳은 비극이다. 모든 정책이 생명과 안전을 최우선시하는 관점으로 변화되어야 한다. 생산된 위험을 뛰어넘어 안전한 사회로 나아가야 한다. 모두의 지혜와 힘이 필요하다.

인간은 개인적이건 사회적이건 자신의 한계를 지고 살아간다. 우리가 만드는 건축은 바로 그 한계 속에서 자신을 위치 지우는 몸짓이며 삶의 흔적이다. 무엇을 할 수 있을지 정확히 알 수 없지만 적어도 주어진 한계나 제약을 회피하지 말아야 한다. 그렇게 한다면 아마 좋은 건축, 인간을 위한 건축을 할 수 있다. 이 증거 없는 세상에도 우리가 아직 희망을 품는 것은 비록 주목받지 못해도 이해해주는 사람이 많다는 믿음 때문이다. 선한 의지로 좋은 건축, 인간을 위한 건축을 만들기 위해 노력하는 사람이 존재한다.

   건축은 존엄한 인간의 삶을 구축한다. 삶은 건축을 성립시키는 토대이자 건축이 지향해야 할 목적이다. 건축의 목적은 더 좋은 삶을 위한 것이다. 그러므로 삶의 가치를 어디에 두는 것이 인간다운 태도인지를 스스로 물어야 한다. 해답은 자기 성찰과 물음 속에 있다. 그것은 오직 인간적인 건축에 있다. 건설이 아닌 건축, 개발이 아닌 건축, 돈이 아니라 생명을 지키는 건축으로 변화되어야 한다. 이것이 내가 책을 쓰는 까닭이다.

   건축이 삶을 만든다. 우리 삶과 문화를 바꿀 수 있다고 믿는다. 건축이 진실하면 보상이 크고 건축이 거짓되면 처벌은 더 크다. 인간적인 건축을 통해 탐욕으로 일그러진 우리 사회가 조금이라도 나아지기를 소망한다. 더 나아가 우리의 건축문화가 높아지기를 바란다. 건축은 인간의 꿈이자 욕망이다. 인간의 희망이다.

   이 책이 나오기까지 많은 이의 사랑과 관심이 있었다. 책 홍보를 위해 기꺼이 함께해 주신 정도화, 홍순경, 이민정, 임승호, 김미란 대표와 김진아, 유진우 소장께 고마움을 전한다. 언제나 사랑으로 응원해 주시는 어머니, 장인, 장모님 그리고 누나, 동생에게도 감사드린다. 아내와 두 딸 혜민, 혜인에게도 소중한 성과를 보여 주어 기쁘고, 좋은 책을 만들어 주신 북랩에게도 고마운 마음을 전하며 좋은 인연이 지속되길 희망한다.

2025. 8.

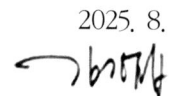

참고 문헌

단행본

- 뉴턴코리아 편집부, 『생명이란 무엇인가』, 뉴턴코리아, 2010
- 양용기, 『건축가가 사랑한 최고의 건축물』, 크레파스북, 2022
- 양용기, 『사람 공간 건축』, 크레파스북, 2022
- 양용기, 『건축, 인문의 집을 짓다』, 한국문학사, 2014
- 로완 무어, 『우리가 집을 짓는 10가지 이유』, 계단, 2014
- 세라 W. 골드헤이건 저, 윤제원 역, 『공간혁명』, 다산북스, 2019
- 루이스 칸 저, 김광현, 봉일범 역, 『루이스 칸의 잊혀질 수 없는 건축 강의』, 엠지에이치북스, 2016
- 이나모리 가즈오, 『왜 사업하는가』, 다산북스, 2021
- 신경용, 『자연이 우리가 산다』, 물푸레, 2020
- 울리히 벡 저, 홍성태 역, 『위험사회』, 새물결출판사, 2006
- 함인선, 『정의와 비용 그리고 도시와 건축』, 마티, 2014
- 함인선, 『건물이 무너지는 21가지 이유』, ㈜글씨미디어, 2019
- 임석재, 『현대 건축과 뉴 휴머니즘』, 이화여자대학교출판부, 2003
- 조재형, 『위험사회』, ㈜에이지이십일, 2017
- 신경용, 『자연이 우리가 산다』, 물푸레, 2020
- 김광현, 『건축 이전의 건축, 공동성』, ㈜CNB미디어, 2015
- 김광현, 『건축가 르 코르뷔지에 : 근대의 정신주의자, 르코르뷔지에』, 아트스페이스, 1996
- 이토 토요, 『내일의 건축』, 안그라픽스, 2014
- 음성원, 『도시의 재구성』, 이데아, 2017

- 최우용, 『일본 건축의 발견』, 궁리, 2019
- 유현준, 『어디서 살 것인가』, ㈜을유문화사, 2018
- 안도 다다오, 『연전연패』, 까치, 2014
- 안도 다다오, 『청춘』, 뮤지엄산, 2023
- 건축개론편집회, 『건축개론』, 기문당, 2001
- 신승수 외, 『슈퍼 라이브러리, 사람의 무늬』, 소나무, 2014
- 장정제, 『좋아하는 건축가 한 명쯤』, 지식의 숲, 2023
- 정희선, 『공간, 비즈니스를 바꾸다』, 미래의 창, 2022
- 폴 골드버거 저, 윤길순 역, 『건축은 왜 중요한가』, 미메시스, 2011
- 법정, 『오두막 편지』, 이레, 1999
- 이-푸투안 저, 윤영호, 김미선 역, 『공간과 장소』, 사이, 2020
- 루스 슬라비드 저, 김주연, 신혜원 역, 『좋은 건축의 10가지 원칙』, ㈜시공사, 2017
- 김강섭, 『건축직설』, 미세움, 2018
- 브랑코 미트로비치 저, 이충호 역, 『건축을 위한 철학』, ㈜안그라픽스, 2013
- 우스룰라 무쉘러 저, 김수은 역, 『건축사의 진짜 이야기』, 도서출판 열대림, 2019
- 가스통 바슐라르, 『공간의 시학』, 동문선, 2023
- 박성아, 『THIS IS ITALIA』, 테라, 2023
- 이종건, 『무엇이 좋은 건축인가』, 건축평단, 2016
- 박경리, 『토지 20권』, 마로니에북스, 2012
- 박경리, 『생명의 아픔』, 마로니에북스, 2016
- 이상헌, 『대한민국에 건축은 없다』, 효형출판, 2018

- 이성복, 『뒹구는 돌은 언제 잠 깨는가』, 문학과지성사, 2008
- 마리오 살바도리, 마티스 레비 저, 손기상 역, 『건축물은 어떻게 해서 무너지는가』, 기문당, 1998
- 정대인, 『논란의 건축 낭만의 건축』, ㈜문학동네, 2015
- 박인석, 『건축이 바꾼다』, 마티, 2017
- 조남호 외, 『집짓기 바이블』, 도서출판 마티, 2012
- 김희곤, 『스페인은 가우디다』, 오브제, 2014
- 에드워드 고든 저, 주경재 역, 『구조의 세계』, 기문당, 1999
- 지윤규, 『다시는 집을 짓지 않겠다』, 세로북스, 2023
- 울리히 벡 저, 홍성태 역, 『위험사회』, 새물결출판사, 2006
- 이종건, 『건축학개론』, 건축평단, 2020
- 정희선, 『공간, 비즈니스를 바꾸다』, 미래의 창, 2022
- 모에치 마사토시, 나가야 요시아키 저, 이원, 이동훈 역, 『인공지능 혁명』, 도서출판 북스힐, 2021
- 이경창, 『두 죽음 사이의 건축』, 건축평단, 2016
- 류시화, 『꽃샘바람에 흔들린다면 너는 꽃』, 수오서재, 2004
- 켈리 맥코니걸 저, 박미경 역, 『움직임의 힘』, ㈜로크미디어, 2020
- 니시자와 류에 저, 강연진 역, 『열린 건축』, 한울, 2016
- 이규빈, 『건축가의 도시』, ㈜샘터사, 2021
- 박길용, 이재성, 『서울체』, 도서출판 디, 2020
- 이상미, 『건축은 어떻게 전쟁을 기억하는가』, 인물과사상사, 2021
- 로마 아그라왈 저, 윤신영, 우아영 역, 『빌트, 우리가 지어 올린 모든 것들의 과학』, 어크로스출판그룹㈜, 2019
- 티모시 비틀리, 최용호, 조철민 역, 『바이오필릭 시티』, 차밍시티, 2020

언론 및 인터넷

- 조규형, 숭례문, 그 600년의 변화, 문화재청, 2013.4.30.
- 가슴으로 읽는 동시 '집', 조선일보, 2019.4.4.
- 가슴으로 읽는 동시 '집', 조선일보, 2020.7.9.
- 한창훈, 집, 한국일보, 2015.7.6.
- 이승우, 집, 내 몸처럼 사랑하기, 동아일보, 2018.2.13.
- 조선일보, 그 건축가의 이름은 어디로 갔나, 2023.9.15.
- 조선일보, "건축은 도시의 일부, 매일 오가는 사람에게도 책임을 져야 한다", 2023.10.9.
- 김훈, 아, 목숨이 낙엽처럼, 한겨레신문, 2019.5.14.
- 이복남, 수명 다한 한국건설 생태계 수술해야!, 매일경제, 2022.1.27.
- 하태석, 건축가의 경쟁자는 마인크래프트다, 월간 디자인, 2020.6.17.
- 서강대 교수 52명의 시국선언문, 세계일보, 2014.6.8.